O GLOBO TERRESTRE
NA VISÃO DA FÍSICA

LEITURAS COMPLEMENTARES
PARA O ENSINO MÉDIO

Regina Pinto de Carvalho

O GLOBO TERRESTRE
NA VISÃO DA FÍSICA

LEITURAS COMPLEMENTARES
PARA O ENSINO MÉDIO

2ª REIMPRESSÃO

autêntica

Copyright © 2012 Regina Pinto de Carvalho

Todos os direitos reservados pela Autêntica Editora Ltda. Nenhuma parte desta publicação poderá ser reproduzida, seja por meios mecânicos, eletrônicos, seja via cópia xerográfica, sem a autorização prévia da Editora.

EDITORAS RESPONSÁVEIS
Rejane Dias
Cecília Martins

PROJETO GRÁFICO DE CAPA E MIOLO
Diogo Droschi

REVISÃO TÉCNICA
Domingos Sávio de Lima Soares

REVISÃO
Vera Lúcia De Simoni Castro

ILUSTRAÇÃO
Mirella Spinelli

DIAGRAMAÇÃO
Tales Leon de Marco

Dados Internacionais de Catalogação na Publicação (CIP)
Câmara Brasileira do Livro, SP, Brasil

Carvalho, Regina Pinto de
   O Globo Terrestre na visão da Física : Leituras complementares para o ensino médio / Regina Pinto de Carvalho. -- 1. ed.; 2. reimp. Belo Horizonte : Autêntica, 2022. -- (Série Física no Ensino Médio; 1)

   ISBN 978-85-65381-16-1

   1. Física - (Ensino Médio) 2. Globo Terrestre I. Título. II. Série.

12-03143   CDD-530.07

Índices para catálogo sistemático:
1. Física : Ensino Médio 530.07

Belo Horizonte
Rua Carlos Turner, 420
Silveira . 31140-520
Belo Horizonte . MG
Tel.: (55 31) 3465 4500

São Paulo
Av. Paulista, 2.073 . Conjunto Nacional
Horsa I . Sala 309 . Cerqueira César
01311-940 . São Paulo . SP
Tel.: (55 11) 3034 4468

www.grupoautentica.com.br
SAC: atendimentoleitor@grupoautentica.com.br

*La tierra es el probable
Paraíso Perdido.*
Mar. Federico García Lorca (1919)

Este livro é dedicado
aos meus 7 bilhões de conterrâneos,
esperando que, ao conhecer melhor nossa casa, possamos
conviver nela harmonicamente.

Para escrever este livro contei com a ajuda de colegas e amigos. Gostaria de agradecer em especial aos professores Eliane Wajnberg (CBPF) e Marcos Pimenta (UFMG) pela revisão das leituras sobre biomagnetismo e nanopartículas, respectivamente, e ao professor Domingos Sávio, pela revisão do texto como um todo.

Os professores Marisa Cavalcante (PUC-SP), João Antônio Corrêa Filho (UFSJ) e Alfredo Gontijo de Oliveira (UFMG) proporcionaram meios de testar o material, através de oficinas e palestras em suas instituições. Agradeço a eles e a todos os participantes das oficinas e atividades.

Agradeço também à minha família e amigos próximos, que deram sugestões para as leituras e me ajudaram a preparar as atividades. Deixo aqui um abraço carinhoso para Tomás, Ana Julia, Pedro e Leo, que serviram de modelo para as ilustrações.

Belo Horizonte, março de 2012
Regina

INTRODUÇÃO 11

CAPÍTULO I
A TERRA NO SISTEMA SOLAR 13
    O sistema solar 13
    Sistemas de referência 16
    Existe vida fora da Terra? 20
    Mitos sobre o sistema solar 24
    A origem da Terra de acordo com diferentes culturas .. 28

CAPÍTULO II
A ESTRUTURA DA TERRA 29
    Uma fotografia do nosso planeta 29
    A estrutura do Globo Terrestre 32
    Movimentos da crosta terrestre:
    terremotos, tsunamis e vulcões 35
    Como conviver com os movimentos
    da crosta terrestre 39
    Atividade sísmica em outros planetas 42

CAPÍTULO III
A COMPOSIÇÃO DO GLOBO TERRESTRE 45
    A Composição do Universo e do Globo Terrestre ... 45
    Pigmentos naturais 50
    Metais 51
    Cristais 55
    Novos materiais 57

CAPÍTULO IV

GRAVITAÇÃO 65
    Aceleração da gravidade na Terra 65
    Marés 68
    Uso da gravitação em uma máquina simples: o monjolo 70
    Geotropismo nas plantas 70
    Mapeamento gravimétrico da Terra 72
    Imponderabilidade 74
    Gravitação segundo Newton e segundo Einstein 75

CAPÍTULO V

GEOMAGNETISMO 79
    O campo magnético da Terra 79
    Medida do campo magnético da Terra 86
    Interação de seres vivos com o campo magnético da Terra 88
    Paleomagnetismo 90
    Auroras polares 91
    Magnetismo de corpos celestes 92

REFERÊNCIAS 93

INTRODUÇÃO

Este livro tem por objetivo auxiliar o professor em suas aulas de Física, oferecendo leituras complementares e atividades práticas que abordam assuntos interdisciplinares ligados ao Globo Terrestre.

Vivemos na superfície da Terra, porém pouco conhecemos do seu interior, por não termos acesso direto a ele. No entanto, é possível usar conceitos de Física e técnicas modernas de medida para inferir o que existe sob nossos pés.

Após situarmos a Terra no sistema solar e no espaço, tentaremos construir um modelo sobre a sua estrutura e composição, desde a superfície até seu interior; vamos analisar alguns fenômenos naturais como terremotos, marés e auroras; observar as forças gravitacionais e magnéticas detectadas na superfície da Terra e tentar correlacioná-las às características do nosso planeta.

O livro pode ser usado para complementar as aulas de Física do ensino médio e de Ciências do ensino fundamental, ou como livro-texto em um curso elementar sobre o Globo Terrestre. Ele não pretende ser exaustivo na apresentação dos temas, mas, em vez disso, despertar a curiosidade dos leitores sobre temas envolvendo a Física e a Terra.

Em paralelo à leitura deste livro, aconselhamos a leitura de *Viagem ao centro da Terra*, de Júlio Verne. Com isso, será possível comparar os conhecimentos científicos do final do século XIX com o que se conhece hoje. Por descrever usos, costumes e conhecimentos científicos da época, o livro de Júlio Verne pode ser usado como base de um projeto multidisciplinar na escola de ensino médio.

CAPÍTULO I
A TERRA NO SISTEMA SOLAR

O sistema solar

O Globo Terrestre, em que vivemos, faz parte de um conjunto de corpos celestes a que damos o nome de sistema solar. Este conjunto é constituído pelo Sol, por seus planetas e pelos satélites de seus planetas, além dos cometas e outros corpos celestes que orbitam em torno do Sol.

Os planetas são corpos celestes sem iluminação própria, que se deslocam em órbitas elípticas, com o Sol localizado em um dos focos da elipse. As órbitas dos planetas têm excentricidade muito pequena, podendo ser aproximadas por circunferências. Nesse conjunto, está incluído o nosso mundo, o planeta Terra, e seu satélite, a Lua.

Outros corpos celestes, como os cometas, têm órbitas elípticas bastante excêntricas.

Ao mesmo tempo em que se desloca em torno do Sol, a Terra gira em torno do próprio eixo. Esse movimento de rotação faz com que cada ponto da superfície da Terra esteja voltado para o Sol, durante o dia, e para o lado contrário ao do Sol, durante a noite.

Alguns planetas têm satélites orbitando à sua volta. A Terra possui apenas um satélite, a Lua. Ela gira em torno da Terra, ao passo que o sistema Terra-Lua gira em torno do Sol.

Dependendo da posição em sua órbita ao redor da Terra, a Lua nos apresentará sua face iluminada (Lua Cheia) sua face escura (Lua Nova), ou parte da face iluminada e parte da face escura (Quartos Minguante ou Crescente). Essas situações são chamadas fases da Lua e se repetem a cada período de rotação da Lua em torno da Terra (4 semanas).

Os planos das órbitas da Terra em torno do Sol e da Lua em torno da Terra não são os mesmos, mas se interceptam. Ocasionalmente, os três astros se alinham, quando então podem ocorrer os eclipses.

No eclipse do Sol, a Lua se coloca entre a Terra e o Sol; esse fenômeno é visto durante o dia, quando o Sol fica parcial ou totalmente obscurecido. No eclipse da Lua, a Terra fica entre a Lua e o Sol; isso ocorre na época da Lua Cheia, e nos permite ver, à noite, a sombra da Terra na Lua, obscurecendo-a parcial ou totalmente.

Usando material de fácil obtenção, podemos simular os movimentos relativos da Terra, da Lua e do Sol, através da atividade a seguir.

Atividade:

A1. É possível simular os movimentos e as fases da Lua, usando uma bola e uma lanterna. Numa sala escurecida, peça a um colega que aponte a lanterna para sua cabeça. A sua cabeça representa a Terra e a lanterna representa o Sol (Fig. I-1). A lanterna pode ser substituída pela luz de um retroprojetor ou de um datashow.

a) Identifique a região da sua cabeça que corresponde ao dia (iluminada pelo Sol) e à noite (sem iluminação).

b) Girando em torno de si mesmo, identifique os momentos em que seu nariz corresponde a um ponto da Terra ao nascer do Sol, ao meio-dia, ao pôr do Sol e à meia-noite.

c) Agora, segure a bola diante de seu rosto. Ela representa a Lua. Identifique as regiões iluminadas e escuras da bola.

d) Girando novamente em torno de si mesmo, identifique as posições em que, da Terra, a Lua pode ser vista como:
    - Lua Cheia (toda a porção iluminada pode ser vista da Terra)
    - Quarto Minguante (apenas metade da parte iluminada pode ser vista da Terra)
    - Lua Nova (a porção escura da Lua está voltada para a Terra)
    - Quarto Crescente (metade da parte iluminada pode ser vista)

e) Simule um eclipse do Sol (a Lua esconde o Sol durante o dia) e um eclipse da Lua (a Terra faz sombra sobre a Lua). Em que horário e para que fase da Lua ocorre o eclipse da Lua?

Figura I-1: Simulação dos movimentos da Terra e da Lua.

Alguns dados sobre os planetas são mostrados na tabela I-1. Para comparação, a última coluna mostra dados sobre o Sol. Note que o Sol, sendo gasoso, não gira como um corpo rígido: o período de rotação no Equador é de 26 dias, enquanto nos polos é de 37 dias.

Tabela I-1: Dados sobre os planetas do sistema solar

Planeta	Mercúrio	Vênus	Terra	Marte	Júpiter	Saturno	Urano	Netuno	Sol
R (10^6 km)	57,9	108	150	228	778	1.430	2.870	4.500	
T (anos)	0,241	0,615	1,00	1,88	11,9	29,5	84,0	165	
Rot (dias)	58,7	243	0,997	1,03	0,409	0,426	0,451	0,658	26-37
e	0,206	0,0068	0,0167	0,0934	0,0485	0,0556	0,0472	0,0086	
M (Terra=1)	0,0558	0,815	1,000	0,107	318	95,1	14,5	17,2	332.000
D (km)	4.880	12.100	12.800	6.790	143.000	120.000	51.800	49.500	1.392.000
Nº Sat.	0	0	1	2	16+anéis	19+anéis	15+anéis	8+anéis	8

R: distância média ao Sol
T: período de revolução (rotação em torno do Sol)
Rot: período de rotação em torno do próprio eixo
e: excentricidade da órbita
M: massa
D: diâmetro equatorial
Nº Sat: número de satélites conhecidos

A tabela I-2 mostra alguns dados sobre a Lua e seu movimento em torno da Terra.

Tabela I-2: Dados sobre a Lua

Massa (kg)	$7{,}36 \cdot 10^{22}$
Raio médio (m)	$1{,}74 \cdot 10^6$
Período de rotação em torno do próprio eixo (dias)	27,3
Distância média Terra-Lua (km)	$3{,}82 \cdot 10^5$
Período de rotação em torno da Terra (dias)	27,3

Sistemas de referência

Para estudar o movimento de objetos, usamos o conceito de **sistema de referência**, ou **referencial**, que define a posição do observador. Se o objeto se move junto com o observador, este dirá que o objeto está parado. Caso o movimento do objeto seja diferente do movimento do referencial escolhido, o observador verá o objeto em movimento, enquanto, no referencial do objeto, é o observador quem está se movimentando.

Analisemos, por exemplo, o movimento de rotação da Terra: se usarmos como sistema de referência um ponto na superfície da Terra, veremos o Sol se deslocar em torno da Terra, aparecendo pela manhã no leste e desaparecendo no horizonte, no oeste, ao cair da tarde. À noite, observaremos um movimento semelhante para as estrelas.

Portanto, tanto é correto dizer que a Terra gira em torno de si mesma quanto que o Sol gira em torno da Terra. A escolha da descrição do movimento dependerá apenas da escolha do referencial: se definirmos um sistema de referência no Sol, diremos que a Terra gira em torno de si mesma, sendo iluminada pelo Sol em diferentes regiões, a cada 24 horas; porém, se nosso sistema de referência for a Terra, diremos que é o Sol que gira em torno da Terra. Se o sistema de referência for outro (por exemplo, a Lua), poderemos observar que tanto o Sol quanto a Terra estão em movimento.

O movimento de translação da Terra em torno do Sol, que dura um ano, também pode ser descrito de diferentes formas, de acordo com a escolha do referencial, fixo na Terra ou no Sol.

O movimento relativo do Sol e das estrelas em relação à Terra levou ao estabelecimento do modelo **geocêntrico** (centrado na Terra) para os corpos celestes: no século II d.C., o grego Claudius Ptolomeu propôs que o Sol, a Lua e os demais planetas descreviam órbitas em torno da Terra. Nesse modelo, o movimento dos planetas não pode ser explicado por uma curva simples, uma vez que, vistos da Terra, eles parecem retroceder em certos trechos das suas órbitas.

Outra forma de se estudar o movimento de translação da Terra é colocar o sistema de referência fixo no Sol: neste caso, o Sol é considerado como um ponto fixo no espaço, e a Terra, assim como os outros planetas, orbita em torno dele. O modelo **heliocêntrico** (centrado no Sol), proposto pelo astrônomo polonês Nicolaus Copérnico (1473-1543), pode explicar melhor as trajetórias dos planetas. No entanto, a humanidade relutou em aceitar que o mundo em que vivemos podia não estar situado no centro do Universo.

Outro exemplo interessante da descrição de um movimento em diferentes referenciais é o estudo do asteroide Cruithne. Um asteroide é um pequeno corpo rochoso que se move em torno do Sol. Cruithne, descoberto em 1986, leva o nome dos primeiros habitantes das ilhas britânicas; tem forma irregular, e sua maior dimensão mede cerca de 5 km. Sua órbita é próxima da órbita da Terra, mas bastante inclinada com relação ao plano da órbita terrestre, o que evita que os dois corpos celestes se choquem. O "ano" de Cruithne (tempo para dar uma volta em torno do Sol) é de 364 dias terrestres.

A proximidade da órbita de Cruithne com a da Terra e a semelhança entre os períodos de rotação dos dois astros provocam uma interação entre eles e faz com que aparentemente o asteroide "siga" a Terra, como se fosse uma segunda Lua. Num sistema de referência fixo na Terra, Cruithne parece se mover em torno da Terra, numa órbita com a forma de um grão de feijão. Um texto interessante sobre Cruithne, incluindo a simulação do seu movimento, visto a partir de um sistema de referência fixo no Sol ou a partir de outro, fixo na Terra, pode ser encontrado na página de Paul Wiegert: http://www.astro.uwo.ca/~wiegert/3753/3753.html (acesso em: jan. 2012). A Figura I-2 ilustra o movimento da Terra e de Cruithne.

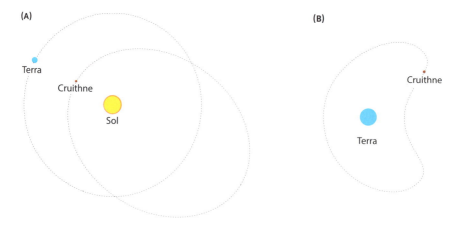

Figura I-2: (A) órbita da Terra e de Cruithne vistas num sistema de referência em que o Sol está parado; (B) órbita de Cruithne vista num sistema de referência em que a Terra está parada (tamanhos e distâncias fora de escala).

Atividades:

A2. Verifique a posição em que o Sol nasce em sua escola. Essa posição está relacionada com a direção leste. Colocando-se em pé, com a mão direita apontando para o Leste, você terá o Norte à sua frente, o Oeste à sua esquerda e o Sul às suas costas. O Oeste indica a posição onde o Sol se põe.

Tente relacionar as direções encontradas por você com a posição de algum acidente geográfico de sua cidade (um rio, a borda do mar) ou de alguma cidade vizinha, e compare suas observações com o que se pode encontrar em um mapa da cidade. Se você mora em Brasília, sua tarefa será simplificada pelo fato de que a planta da cidade (o Plano-Piloto) segue a direção norte-sul.

Note que, ao realizar essa atividade, você está considerando a Terra como um referencial fixo, em torno do qual o Sol se desloca.

A3. Construa um relógio de Sol no pátio da escola: em um local plano, coloque na vertical uma vareta de cerca de 20 cm e marque a posição de sua sombra a cada hora. Caso seja necessário, peça a colegas que estudam em outro turno para completar o seu trabalho.

Depois que a marcação for feita para um dia completo, será possível estimar as horas sem o uso de um relógio convencional.

Note que, como na atividade anterior, você está considerando a Terra como um referencial fixo, em torno do qual o Sol se desloca.

A4. Analise a letra da canção "Galileu", de Edu Krieger. Que sistema de referência está sendo usado no episódio narrado?

Galileu (Edu Krieger)

Um dia ela foi embora,
dizendo. "Amor, não chora:
assim que o Sol se puser, eu voltarei!"
O Sol se pôs uma vez,
pôs-se duas, depois três,
e um ano inteiro, na fé eu esperei.
Fiquei danado com ela,
esbravejei na janela!
Foi então que me disse o astro-rei:
"Eu não me ponho jamais, eu só fico parado,
a Terra é que faz eu virar pro outro lado,
e o que era tão claro mergulhar no breu!"
E eu,
hoje eu entendo que ela pra mim não mentiu,
foi muito sincera, e, de um jeito sutil,
dizendo-me adeus, me lembrou Galileu!

Existe vida fora da Terra?

Em 1950, o físico italiano radicado nos Estados Unidos Enrico Fermi (1901-1954) iniciou uma discussão com alguns colegas sobre a existência de vida fora da Terra. O assunto tinha vindo à tona depois que o cartunista Alan Dunn publicou uma *charge* no jornal *The New Yorker*, culpando homenzinhos de outro planeta pelo sumiço de latas de lixo em Nova Iorque (Fig. I-3).

Figura I-3: Quem roubou as latas de lixo de Nova Iorque?

Durante a discussão, Fermi argumentou que, devido ao imenso número de corpos celestes existentes no espaço, mesmo que a possibilidade de surgimento de vida fosse muito pequena, a probabilidade de existência de vida fora da Terra era um número não nulo. Ele estabeleceu então o que chamamos hoje de paradoxo de Fermi: se existem seres extraterrestres, por que não temos contato com eles?

Há três hipóteses para resolver essa questão:
1. Não existem seres extraterrestres.
   Essa hipótese sugere que as condições que levaram ao aparecimento de vida em nosso planeta são únicas e não ocorrem nem vão ocorrer em nenhum outro ponto do Universo. Ela é contestada por pensadores que supõem que a Terra seja um planeta típico do que existe em outros sistemas solares.

2. Os seres existem, mas não fizeram contato conosco.
Isso pode ser devido a diferenças tecnológicas, culturais ou biológicas entre as formas de vida, por estarem muito longe ou simplesmente porque os extraterrestres não têm interesse em fazer contato conosco.

3. Os seres existem e estão entre nós, sem que o saibamos.
Os defensores desta hipótese alegam que outros seres podem estar interessados em nos observar sem serem percebidos, ou que, ao tentar explicar fenômenos misteriosos usando a nossa ciência, descartamos a hipótese da existência de outras formas de vida.

O astrofísico norte-americano Frank Drake (1930-) liderou um grupo de pesquisa que estudava a emissão de radiofrequência por corpos celestes. Além de detectar a radiação emitida por eles, o grupo tentava evidenciar a existência de sinais de rádio emitidos deliberadamente por civilizações fora da Terra, que estariam tentando fazer contato com outros planetas. Em um simpósio organizado em 1961 para discutir essas questões, Drake lançou uma equação que determinaria o número de civilizações tecnologicamente avançadas existentes em nossa galáxia.

A Equação de Drake estabelece que o número N de civilizações com tecnologia avançada existentes na Via Láctea depende de:

quantas estrelas nascem a cada ano na nossa galáxia (R)
quantas dessas estrelas têm planetas (p)
quantos desses planetas são adequados para a vida (e)
em quantos planetas a vida realmente aparece (l)
em quantos planetas a vida evolui para uma forma inteligente (i)
em quantos planetas a vida inteligente pode se comunicar com outros mundos (c)
a duração média dessas civilizações avançadas (L)

$$N = R \cdot p \cdot e \cdot l \cdot i \cdot c \cdot L$$

A equação foi sugerida por Drake apenas para lançar um tema de discussão. Vários dos fatores são desconhecidos e sempre são estimados tendo por base a nossa civilização, que é a única que se conhece atualmente. A própria definição de vida é baseada na forma de vida conhecida na Terra.

Usando os parâmetros determinados durante o simpósio, o valor de N encontrado foi de 10 civilizações em nossa galáxia. É preciso lembrar que atualmente se estima que devam existir cerca de 125 bilhões de galáxias e que esse número tende a aumentar com o avanço dos estudos astronômicos.

Valores mais recentes determinados para os parâmetros da equação de Drake levam a números que variam enormemente: 0,000065 (ou seja, estamos praticamente sós em nossa galáxia); 2,31 (teríamos um companheiro em nossa galáxia) ou 20.000 (a galáxia estaria "densamente" povoada)!

A partir da década de 1970, surgiram várias iniciativas para enviar mensagens da Terra a possíveis habitantes de outros planetas. As naves *Pioneer 10* (1972) e *Pioneer 11* (1973), que foram os primeiros artefatos construídos por humanos a deixar o sistema solar, levavam em seu exterior placas com desenhos que, em princípio, dariam indicações sobre a existência de vida na Terra. As placas descreviam por meio de desenhos a molécula de hidrogênio (H_2), um casal de seres humanos, o sistema solar, a posição do nosso Sol na galáxia e os períodos de 14 pulsares (estrelas pulsantes) que poderiam ser usados para determinar a época do lançamento das naves (Fig. I-4).

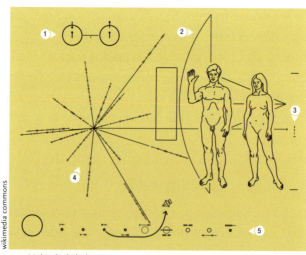

1. Molécula de hidrogênio.
2. Perfil da nave.
3. Dígito 8 no sistema binário.
4. 14 pulsares com o Sol ao centro.
5. Trajetória da nave no sistema solar.

Figura I-4: Placa colocada nas naves *Pioneer 10* e *11*.

Em 1974, foi enviada, a partir do Observatório Astronômico de Arecibo, uma mensagem em radiofrequência direcionada para uma região da galáxia onde havia uma grande concentração de sistemas estelares com probabilidade de possuir planetas parecidos com a Terra. A mensagem podia ser decodificada e interpretada como uma imagem em *pixels* mostrando os números de 1 a 10, os números atômicos dos elementos hidrogênio, carbono, oxigênio, nitrogênio e fósforo, a estrutura de alguns açúcares e do DNA, o ser humano, a população da Terra na época do lançamento, o telescópio de Arecibo (Fig. I-5).

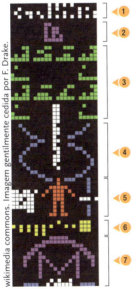

A mensagem de Arecibo: quando a mensagem é dividida em 73 grupos de 23 caracteres (ambos os números são primos) e cada grupo é lido da direita para a esquerda, essa imagem é obtida. A mensagem real, naturalmente, não tinha informação sobre cores, usadas aqui para identificar as seções da imagem.

1. Números 1 a 10 (em branco).
2. Número atômico de H, C, N, O e P (em lilás).
3. Fórmulas dos componentes do DNA (em verde).
4. Hélice dupla do DNA (em azul) e o genoma humano (em branco).
5. População da Terra (em branco), figura do ser humano (em vermelho) e altura do ser humano em múltiplos do λ da emissão (em azul e branco);
6. Sistema solar (em amarelo) – a Terra na direção do ser humano.
7. Telescópio de Arecibo (em lilás); diâmetro do espelho (branco)

Figura I-5: A mensagem de Arecibo.

A partir dessa data, diversas mensagens têm sido enviadas de vários observatórios astronômicos. Elas são dirigidas a diferentes regiões da galáxia que tem alguma probabilidade de abrigar vida. Os planetas visados estão a milhares de anos-luz de distância de nós, o que significa que, caso as mensagens sejam recebidas por extraterrestres e eles decidam fazer contato conosco, a comunicação por transmissão de ondas eletromagnéticas pode levar um tempo enorme para se concretizar. Teremos tempo de "arrumar a casa" e resolver disputas internas antes de receber convidados...

Mitos sobre o sistema solar

Existe uma série de mitos estabelecidos sobre a Terra e o sistema solar que devem ser discutidos pelo professor, para que seus alunos não continuem a propagar ideias falsas.

Excentricidade das órbitas

A desinformação mais comum sobre o sistema solar diz respeito à excentricidade das órbitas dos planetas em torno do Sol.

A excentricidade **e** é a razão entre a distância focal e o eixo maior de uma elipse: quanto menor o valor de **e**, mais parecida com uma circunferência será a elipse (focos situados próximo ao centro da "circunferência").*

As órbitas dos planetas são elipses de excentricidade muito pequena e, para fins de ilustração, podem ser aproximadas por circunferências. A Figura I-6 mostra a órbita de Mercúrio, que tem a maior excentricidade entre todas as órbitas planetárias, traçada usando-se os dados apresentados na tabela I-1.

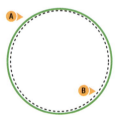

Figura I-6: Comparação entre a órbita de Mercúrio e uma circunferência: (A) órbita de Mercúrio; (B) circunferência.

Estações do ano

Outro engano comum é que as estações do ano são devidas à variação da distância entre a Terra e o Sol: quando a Terra estivesse mais próxima do Sol, teríamos o verão, estação mais quente. Isso não pode ser verdadeiro, uma vez que as estações do ano são invertidas

---

* Vamos denominar **a** o semieixo maior da elipse, **b** seu semieixo menor e **f** a distância do centro até um dos focos. Pela definição de elipse, a soma das distâncias de um ponto até os focos é igual a **2a**. Assim, se construirmos um triângulo retângulo ligando o centro a um dos focos e ao extremo do eixo menor, teremos: $b^2 + f^2 = a^2$ ou $f = \sqrt{a^2 - b^2}$, logo $e = f/a = \sqrt{a^2 - b^2}/a$.

nos dois hemisférios: o verão do hemisfério sul (dezembro a fevereiro) corresponde ao inverno do hemisfério norte, enquanto nosso inverno (junho a outubro) corresponde ao verão "do lado de lá do Equador".

Na verdade, as estações do ano ocorrem por causa da inclinação do eixo de rotação da Terra com relação ao plano de sua órbita: devido a essa inclinação, a duração do dia (tempo de iluminação pelo Sol) fica maior durante o verão em cada hemisfério, acarretando maior aquecimento da superfície da Terra nesse período.

Escalas no sistema solar

O professor deve ter muito cuidado ao apresentar em aula figuras e montagens representando o sistema solar, pois dificilmente as escalas de tamanhos e distâncias serão respeitadas nessas figuras. Por exemplo, em uma escala em que o Sol fosse representado por uma esfera de diâmetro igual a 1,0 cm, Júpiter, que é o maior planeta, teria um diâmetro de 0,1 cm (1 mm). A órbita de Mercúrio, que é a mais próxima do Sol, teria raio médio de 42 cm, enquanto a de Netuno, o planeta mais distante, teria raio médio de 32 m.

O tamanho da Lua

Em noites de Lua Cheia, observa-se que a Lua parece maior quando está próxima à linha do horizonte do que quando está no alto do céu.

Normalmente esse fenômeno é atribuído à refração da luz da Lua na atmosfera terrestre, levando-se em conta que, quando a Lua está próxima ao horizonte, sua luz atravessa uma camada maior de atmosfera.

No entanto, se medirmos o tamanho aparente da Lua usando um pequeno objeto colocado na ponta do braço esticado, perceberemos que ele é o mesmo nas duas posições. A diferença percebida no tamanho é devida a uma ilusão de óptica: próximo ao horizonte, a Lua aparece cercada de prédios ou árvores distantes, que nos indicam uma referência de tamanho. No alto do céu, sem referências, a Lua nos parece menor.

Atividades:

A5. Tome um objeto em forma de disco (prato, tampa de panela, CD) e tente desenhá-lo, mantendo seu plano perpendicular à linha de visada; em seguida refaça o desenho, com o objeto inclinado com relação à sua linha de visada: com o objeto inclinado, seu desenho será "oval", mesmo que você esteja representando um objeto circular. Usando essa informação, explique por que as ilustrações das órbitas dos planetas, encontradas em livros didáticos e atlas, mostram órbitas elípticas com excentricidade elevada, quando se sabe que as órbitas dos planetas são praticamente circulares.

A6. Se o diâmetro do Sol fosse igual a 10 mm, os planetas estariam situados em órbitas praticamente circulares, com raios dados em metros na tabela I-3. Nessa escala, o diâmetro dos planetas seria menor que o traço do lápis: o maior planeta, Júpiter, teria um diâmetro de 1 mm.

Tabela I-3: Distância em escala dos vários planetas ao Sol, se considerarmos que o diâmetro do Sol é de 10 mm.

PLANETA	DISTÂNCIA AO SOL (m)
Mercúrio	0,416
Vênus	0,776
Terra	1,074
Marte	1,636
Júpiter	5,590
Saturno	10,252
Urano	20,621
Netuno	32,329

a) Usando trena ou fita métrica, marque com giz ou fita crepe, no chão do corredor ou do pátio, as distâncias da tabela. Na posição do Sol, desenhe-o com o diâmetro na escala dada (Fig. I-7A).

b) Seria possível representar os planetas?

c) Normalmente, os planetas não estão alinhados entre si, ocupando posições diversas em suas órbitas. Você tem espaço suficiente na escola para representar as órbitas completas para todos os planetas?

Capítulo I | A Terra no sistema solar

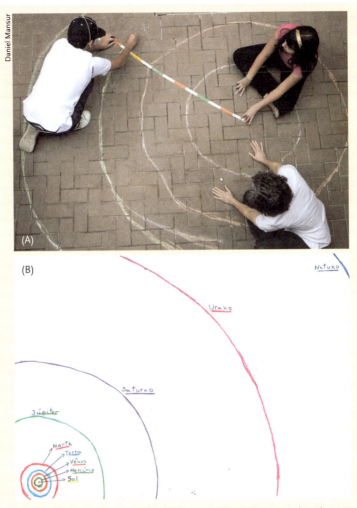

Figura I-7: Marcação das distâncias dos planetas ao Sol, em escala: (A) no chão do pátio, com as distâncias em metros e (B) em papel, com as distâncias em centímetros.

A7. A atividade A6 pode ser feita também em papel (Fig. I-7B), porém o resultado será menos espetacular que o obtido no chão do pátio. Para desenhar as órbitas dos planetas em uma folha de papel A4, a escala dada na tabela I-3 deve ser dividida por 100: o tamanho do Sol passa a ser 0,1 mm (menor que o traço do lápis) e as distâncias dos planetas serão dadas em cm, com os valores numéricos listados na tabela.

A origem da Terra de acordo com diferentes culturas

A origem da Terra e do Universo foi motivo de especulação do ser humano desde os tempos antigos. Os fenômenos naturais sempre foram associados a deuses, que tinham características humanas e poderes extraordinários.

Na Grécia antiga, acreditava-se que, no princípio, só existia Kaos, que gerou Gaia (a Terra) e Urano (o Céu); em Roma, cultuava-se a deusa Tellus, equivalente a Gaia. A tradição cristã herdou as crenças greco-romanas, e a Bíblia conta que Deus separou o caos, criando a Terra e o Céu.

Para os povos nórdicos, a Terra era Midgard (Terra Média), domínio da deusa Jord, esposa de Odin; a terra era cercada por água onde habitava uma serpente gigante, que impedia a passagem dos humanos; a mitologia nórdica foi retomada por J.R.R. Tolkien na saga de "O Senhor dos Anéis".

Os povos indígenas brasileiros diziam que Tupã (deus supremo) criou o mundo e o povoou com os homens e com alguns seres míticos que ajudam a proteger o mundo. Por exemplo, o Curupira seria o protetor dos animais da floresta, confundindo os caçadores com seus rastros, pois tinha os pés virados para trás. Para eles, a Lua (Jaci) e o Sol (Coaraci) eram índios que subiram ao céu.

Na cultura indiana, uma das inúmeras lendas conta que o Céu, o Sol e a Lua são pedaços de um deus supremo (Purusha), que foi sacrificado.

CAPÍTULO II
A ESTRUTURA DA TERRA

Uma fotografia do nosso planeta

Olhando-se uma foto da Terra, feita a partir de uma nave espacial, podemos verificar que nosso planeta tem a forma aproximadamente esférica. O raio médio dessa esfera pode ser obtido usando-se o resultado de observações espaciais ou utilizando-se aparelhos de localização (GPS). A massa da Terra é obtida observando-se a interação gravitacional da Terra com o Sol, com outros planetas, com a Lua ou com satélites artificiais.

Na foto mostrada na Figura II-1, pode-se observar que os oceanos aparecem mais escuros, e os continentes, mais claros. Isso se deve ao fato de que a superfície dos oceanos, mais lisa, apresenta uma reflexão especular da luz solar (reflexão em uma só direção, como em um espelho); os continentes são rugosos e apresentam reflexão difusa (em todas as direções, como a de uma folha de papel). A fotografia é feita

Figura II-1: Foto da Terra vista pela nave *Apollo 8* em 1968.

evitando-se que a luz solar refletida pelos oceanos incida sobre a câmara, para não ofuscar a imagem, e por isso os oceanos aparecem escuros. Os continentes, como refletem luz em todas as direções, terão parte da luz refletida dirigida para a câmara e aparecerão claros na fotografia.

O tom azul profundo dos oceanos se deve ao fato de que a água absorve fortemente a luz de comprimentos de onda próximos ao vermelho; já os continentes refletem melhor as cores vermelho-amareladas. As nuvens refletem luz branca, pois são formadas de gotículas que, devido ao seu tamanho, espalham igualmente todos os comprimentos de onda da luz visível.

A Figura II-2 esclarece as propriedades da reflexão difusa e especular.

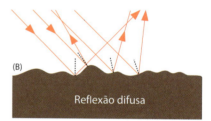

(A) Reflexão especular   (B) Reflexão difusa

Figura II-2: Reflexão de um feixe de raios luminosos paralelos entre si: em (A) a superfície refletora é lisa e os raios são todos refletidos na mesma direção; em (B) a superfície refletora é rugosa; nesse caso, cada raio de luz obedece à lei da reflexão (ângulo de reflexão igual ao de incidência), mas, como a direção normal à superfície varia em cada região, o feixe refletido se espalha em todas as direções.

Nem sempre foi fácil inferir as características do nosso planeta: antes que as viagens espaciais se tornassem possíveis, essas características eram deduzidas usando-se dados de observações feitas na superfície da Terra.

A primeira evidência de que a Terra tinha forma esférica foi obtida na Grécia antiga. No século III a.C., o filósofo Erastóstenes verificou que, no solstício de verão (data anual em que o dia possui a maior duração, em comparação com a noite), ao meio-dia, os raios solares incidiam diretamente sobre a cidade de Siena (hoje Assuã), não provocando sombra de um objeto colocado na vertical. No mesmo momento, em Alexandria, o Sol incidia com um ângulo de aproximadamente 7 graus, que é cerca de 1/50 de 360°. Ele então concluiu que a circunferência da Terra era igual a 50 vezes a distância entre essas duas cidades, chegando a um valor de 39.000 km, valor muito próximo aos 40.000 km aceitos atualmente. A Figura II-3 mostra o raciocínio de Eratóstenes.

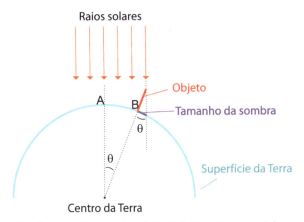

Figura II-3: Como Erastóstenes calculou a circunferência da Terra. No ponto **A** da superfície da Terra, o Sol incide perpendicularmente e não provoca sombra de objetos verticais. No mesmo momento, observa-se uma sombra para um objeto colocado em posição vertical, no ponto **B**. Comparando-se o tamanho da sombra com o do objeto, pode-se calcular o ângulo θ que os raios de Sol fazem com a vertical no ponto **B**. Esse é o mesmo ângulo entre as linhas que unem o centro da Terra aos pontos **A** e **B**. Conhecendo-se a distância entre **A** e **B**, pode-se determinar a circunferência da Terra, se ela for considerada uma esfera perfeita: $\frac{\theta}{360°} = \frac{AB}{circunf}$.

Outra evidência da forma arredondada da Terra é dada pela forma de sua sombra na Lua, durante os eclipses lunares.

O valor médio da massa da Terra só foi estimado no final do século XVII pelo físico inglês Isaac Newton (1643-1727), baseando-se em seus estudos sobre gravitação. É dele também a primeira estimativa da densidade média da Terra. Newton obteve um valor que era aproximadamente o dobro da densidade do material que compõe a superfície terrestre e concluiu que a composição da Terra não devia ser uniforme, e que ela teria densidade muito maior no seu interior que na superfície. Assim foi descartada a ideia antiga de se considerar o centro da Terra como um local cavernoso e ardente habitado pelos mortos.

A estrutura do Globo Terrestre

A estrutura interna do Globo Terrestre não pode ser observada diretamente; a maior profundidade já alcançada pelo homem foi de 12 km a partir da superfície, na região de Kola (Rússia), em um poço perfurado para fins de pesquisa, entre 1970 e 1989. Para se conhecer o que existe abaixo dessa profundidade, é preciso usar métodos indiretos.

A primeira informação que se pode obter vem do cálculo da densidade média do planeta. Dados recentes indicam para os valores médios da massa M_T e do raio R_T da Terra:

$$M_T = 6{,}02 \cdot 10^{24}\,\text{kg} \quad \text{e} \quad R_T = 6{,}40 \cdot 10^6\,\text{m}$$

A densidade média da Terra é, portanto,

$$d = \frac{M_T}{V_T} = \frac{M_T}{\frac{4}{3} \cdot \pi \cdot R_T^3} = \frac{6{,}02 \cdot 10^{24}\,\text{kg}}{\frac{4}{3} \cdot 3{,}14 \cdot (6{,}40 \cdot 10^6)^3\,\text{m}^3}$$

$$d = 5{,}49 \cdot 10^3\,\frac{\text{kg}}{\text{m}^3} = 5{,}49\,\frac{\text{g}}{\text{cm}^3}$$

Como sabemos que a densidade média das rochas que compõem a superfície da Terra é $d_{\text{rochas}} \approx 2{,}27\,\frac{\text{g}}{\text{cm}^3}$ podemos concluir que o material no interior da Terra tem densidade muito maior que o que existe na superfície.

Outra forma indireta de se obter informação sobre o interior da Terra é o estudo das ondas sísmicas (ondas geradas pelos terremotos). Essas ondas podem ser detectadas próximo ao local do terremoto, mas também são detectadas em regiões distantes, indicando que elas se propagam pelo interior da Terra.

As ondas sísmicas podem ser longitudinais ou transversais.

Nas ondas longitudinais, a direção da oscilação é paralela à direção de propagação. Ondas desse tipo podem se propagar em meios sólidos ou fluidos; um exemplo conhecido de ondas longitudinais são as ondas sonoras que se propagam no ar, na água ou em meios sólidos; quanto mais rígido o material, mais rápida e eficiente é a propagação. As ondas sísmicas longitudinais são chamadas de ondas P.

As ondas transversais têm sua direção de propagação perpendicular à direção do movimento; elas não se propagam pelo interior de meios fluidos. As ondas sísmicas transversais são chamadas de ondas S.

Se a composição do globo fosse uniforme, sua densidade ia aumentar uniformemente nas regiões mais internas, devido à pressão das camadas superiores; as ondas sísmicas se propagariam em trajetórias curvas, alcançando todas as regiões do globo. A partir do início do século XX, foi possível a fabricação de sismógrafos com boa sensibilidade e sua instalação em diferentes pontos do planeta. Notou-se que as ondas sísmicas não atingiam uniformemente todos os pontos do globo, havendo regiões de "sombra" que podem ser explicadas se considerarmos que a Terra é constituída de diferentes camadas, com constituição e/ou propriedades mecânicas diferentes.

A Figura II-4 mostra exemplos da propagação de ondas sísmicas pelo interior da Terra.

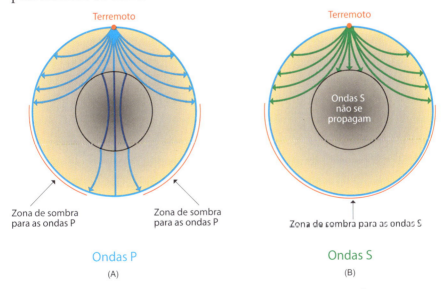

Figura II-4: Propagação de ondas sísmicas pelo interior da Terra: em (A) uma onda P se propaga a partir de um ponto onde ocorreu o terremoto. Há uma zona de "sombra" para as ondas P sobre a superfície do globo, e elas são novamente detectadas em locais mais distantes. Isso indica que no interior da Terra existe uma região onde essas ondas se refratam de forma diferente, ou seja, nessa região a constituição do globo é diferente. Em (B), uma onda S se propaga a partir do ponto onde ocorreu o terremoto: a zona de "sombra" aparece a partir de certa posição no globo e não há detecção de ondas após a "sombra", indicando que as ondas S não se propagam nas camadas internas do globo e que, portanto, deve existir uma região líquida no interior do planeta.

Atualmente se considera que existem três camadas com composições diferentes: crosta, manto e núcleo. Cada uma delas pode ser subdividida em subcamadas, com propriedades físicas diversas.

A tabela II-1 mostra as principais características dessas camadas.

Tabela II-1: As diversas camadas do Globo Terrestre

CAMADA	COMPOSIÇÃO	d (g/cm³)	h (km)	SUBCAMADAS	CARACTERÍSTICAS
Crosta	oceânica: basalto (silicatos de Ca, Fe, Mg)	3,0	5		a crosta oceânica é mais fina e mais densa que a crosta continental
	continental: granito (silicatos de Al, Fe, Mg)	2,7	70		
Manto	peridotita (silicatos de Fe, Mg)	3,4	200	litosfera	camada rígida que suporta a crosta e flutua sobre a astenosfera
			660	astenosfera	camada fluida
			2.900	mesosfera	camada sólida devido às altas pressões
Núcleo	metais (provavelmente Fe e Ni)	10 a 13	5.100	núcleo exterior	metal que, mesmo a altas pressões, se apresenta fundido, devido à sua alta temperatura; impede a passagem das ondas S
			6.400	núcleo interior	material sólido devido às altas pressões

A temperatura do Globo Terrestre aumenta com a profundidade, estimando-se que ela chegue a 5.500 °C no interior do núcleo. A existência de altas temperaturas parece estar associada a dois fatores:
- calor residual gerado durante a formação do planeta: quando a matéria estelar se aglomerou por atração gravitacional, houve liberação de energia em forma de calor; esse calor escapa para o espaço através da superfície do globo, mas o interior ainda está aquecido;
- energia liberada durante o decaimento de material radioativo presente no interior da Terra.

Acima da crosta terrestre encontra-se uma camada de gás, a atmosfera, que se estende a uma altura de até 100 km a partir da superfície.

Atividades:

A1. Usando uma mola *slinky* estendida no chão liso, produza ondas longitudinais e transversais; mude a tensão na mola, alongando-a um pouco mais, e verifique se houve alteração na velocidade de propagação de um pulso.

A2. Faça um desenho em escala mostrando em corte as diversas camadas e subcamadas da Terra. É possível representar a crosta terrestre nesse desenho em escala?

A3. A estrutura do Globo Terrestre pode ser comparada à estrutura de um ovo cozido. Indique as semelhanças e diferenças entre a forma e as diversas camadas desses dois objetos.

Movimentos da crosta terrestre: terremotos, tsunamis e vulcões

Episódios catastróficos, como vulcanismo, terremotos e tsunamis, são atualmente explicados levando-se em conta a movimentação da crosta terrestre. A teoria mais aceita é a das placas tectônicas: a crosta seria constituída de placas que, junto com a litosfera (porção sólida do manto superior), flutuam sobre a astenosfera (camada líquida do manto). Essas placas se movimentam umas com relação às outras, causando os eventos sísmicos. A velocidade de deslocamento das placas varia entre 2 cm/ano e 10 cm/ano. Ainda não se tem uma explicação sobre a causa do movimento das placas, que parece estar associada à convecção do magma (material rochoso liquefeito) no interior da Terra.

A existência das placas tectônicas foi proposta no início do século XX, a partir de duas observações:

- as bordas dos continentes se encaixam, o que faz supor que, num tempo passado, existiu apenas uma massa de terra que se fragmentou e se separou ao longo do tempo. O encaixe é mais facilmente notado entre a costa leste das Américas e a costa oeste da África e da Europa;
- existem fósseis e características geológicas semelhantes nas bordas dos continentes, indicando que, no passado, eles eram unidos.

Nas regiões onde duas placas se aproximam uma da outra, uma delas desliza sobre a outra. O atrito entre elas impede o seu movimento, até que a força que as empurra consegue vencer essa força de atrito, provocando o deslocamento e a liberação de uma grande quantidade de energia. Esse deslocamento provoca vibrações no solo, percebidas sob a forma de terremotos. As vibrações mais intensas ocorrem nas regiões próximas às fronteiras entre as placas; a propagação das vibrações pelo interior da Terra faz com que oscilações de menor intensidade possam ser percebidas em diferentes partes do globo, permitindo o estudo da composição interna do planeta. Deslocamentos desse tipo podem ser encontrados, por exemplo, ao longo do Japão.

Se as placas deslizam horizontalmente uma em relação à outra, também ocorrerão terremotos, quando o atrito entre as placas for rompido, e aparecerão falhas no solo, muito visíveis, por exemplo, na costa oeste da América do Norte.

Nas regiões onde duas placas se afastam uma da outra, material líquido do magma sobe à superfície, resfria-se e se solidifica, formando uma nova camada na crosta. O estudo dessas regiões indica a composição do manto terrestre e pode dar algumas indicações sobre o passado de nosso planeta. Um exemplo de região desse tipo se encontra no meio do Oceano Atlântico.

A Figura II-5 ilustra as diversas placas que compõem a crosta terrestre.

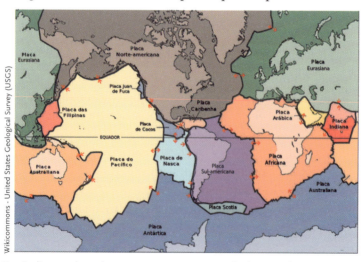

Figura II-5: As diversas placas da crosta terrestre: como exemplo dos tipos de movimento das placas, pode-se observar que a Placa Sul-Americana se afasta da Placa Africana; a Placa Africana se aproxima da Placa Eurasiana; a Placa Norte-Americana desliza horizontalmente com relação à Placa do Pacífico.

Quando um terremoto ocorre no meio do oceano, as vibrações podem gerar um grande deslocamento de água que forma enormes ondas, conhecidas pelo nome japonês *tsunamis*, cuja tradução literal seria ondas de porto. As *tsunamis* se deslocam a grande velocidade, de até 800 km/h; ao se aproximarem da costa, elas perdem velocidade e ganham altura, que pode chegar a até 10 m, invadindo e inundando as regiões costeiras.

As erupções vulcânicas ocorrem nas fronteiras entre as placas tectônicas, quando o magma, material quente proveniente do manto, alcança a superfície através de trincas na litosfera (camada sólida que flutua sobre o magma). O material expelido pelos vulcões dá indicações sobre a constituição do manto. Esse material, quando expelido em grande quantidade, pode formar novas extensões de terra, como é o caso das ilhas vulcânicas da Islândia.

Existem também vulcões em regiões fora das bordas das placas, como, por exemplo, no Havaí. Esses vulcões são explicados supondo-se que, nessas regiões, a litosfera é menos espessa e pode ser rompida pela pressão interior exercida pelo magma.

Erupções vulcânicas podem ocorrer de forma explosiva, quando a pressão do interior da Terra é liberada subitamente e são lançados gases e material fundido que denominamos lava, ou de forma não explosiva, quando o material é expelido lentamente. Nos dois casos, pode haver danos para a população: os gases normalmente contêm dióxido de enxofre (SO_2), gás tóxico que pode reagir com água para formar ácido sulfúrico, provocando chuvas ácidas; a lava tem altíssimas temperaturas e pode provocar incêndios e soterramentos. Além disso, são expelidas nuvens de cinza e poeira fina, que se espalham a grandes distâncias e prejudicam o tráfego aéreo. Essas nuvens, quando expelidas em grande quantidade, provocam mudanças climáticas, uma vez que impedem a passagem de radiação solar e causam queda de temperatura durante dias ou semanas, em extensas regiões.

Atividades:

A4. Em uma camada uniforme de massa de modelar, recorte os seis continentes, seguindo um mapa-múndi. Seu trabalho será facilitado se você colocar um plástico transparente sobre o mapa e preparar os continentes sobre o plástico. A seguir, aproxime os continentes e tente encaixá-los uns nos outros; se necessário, encurve-os ligeiramente, alterando sua forma o mínimo possível (Fig. II-6). Fazendo isso, você terá simulado um retrocesso no tempo e terá obtido a *Pangea*, continente primitivo que se acredita tenha dado origem aos continentes atuais.

Figura II-6: Simulação do movimento dos continentes.

A5. É possível construir um artefato que simule a erupção de um vulcão: obtenha um pequeno pote de vidro e coloque nele 3 colheres de bicarbonato de sódio. Cubra o pote com massa de modelar de forma a simular uma montanha, deixando apenas uma pequena abertura em cima, como a cratera de um vulcão. A seguir, derrame pela abertura meio copo de vinagre, colorido com algumas gotas de corante alimentar vermelho. A reação química entre o bicarbonato de sódio e o vinagre provocará o aparecimento de bolhas e espuma, fazendo com que a "lava" saia pela cratera e se espalhe pelas encostas do "vulcão". Em que esse experimento se parece com a erupção de um vulcão verdadeiro? Em que pontos a simulação não retrata o que acontece realmente?

A6. Esta atividade deve ser realizada ao ar livre, em um local que possa ser molhado. Agite uma lata de refrigerante à temperatura ambiente e abra-a bruscamente, para obter uma "explosão" de gás e líquido que se assemelhe à erupção de um vulcão:

- no refrigerante, a agitação provoca o desprendimento de gás que estava dissolvido no líquido, e assim se aumenta a pressão dentro da lata. Ao se abrir a lata, o gás escapa com grande velocidade, arrastando com ele parte do líquido;
- no vulcão, a erupção ocorre porque existe gás e material fundido a altas pressões e temperaturas, no interior da Terra. Ao ser liberado por uma trinca na crosta terrestre, o gás sai com grande velocidade, arrastando matéria fluida e quente.

Como conviver com os movimentos da crosta terrestre

Atualmente não é possível prever a ocorrência de um terremoto. Sabe-se que as regiões nas bordas das placas tectônicas têm maior probabilidade de sofrer abalos sísmicos, e nesses lugares existe uma preocupação em amenizar as consequências desses fenômenos: a população é treinada para saber como se comportar em caso de tremores de terra, e os prédios são construídos de forma a resistirem aos movimentos do terreno. No caso de erupções vulcânicas ou de *tsunamis*, não há forma de enfrentar a situação a não ser se afastar do local, quando há tempo para isso. Em geral, as autoridades avisam a população logo que o problema é detectado, e tenta-se retirar o maior número possível de pessoas do local.

Embora os efeitos dos movimentos das placas tectônicas ocorram com mais intensidade nas bordas, onde acontece o choque entre duas placas, podem ocorrer os chamados esforços intraplacas, resultado da deformação da placa, e que provocam abalos sísmicos que em geral têm menos intensidade que os que ocorrem nas bordas. O Brasil, por estar situado no interior da Placa Sul-Americana, registra poucos episódios sísmicos, e de baixa intensidade. A maioria dos abalos registrados ocorreu em áreas pouco populosas; no entanto, mesmo que a probabilidade seja pequena, não é descartada a ocorrência no futuro de um abalo sísmico em alguma cidade brasileira de maior porte.

O Observatório Sismológico da Universidade de Brasília possui uma rede de sismógrafos que registra os tremores de terra em todo o território brasileiro; em sua página pode-se encontrar informações e textos sobre sismologia: http://www.obsis.unb.br/ (acesso em: jan. 2012)

Atividade:

A7. Grandes construções como prédios e pontes podem ruir sob o abalo de terremotos. Se a frequência de oscilação imposta por um tremor de terra corresponder a uma frequência natural da edificação, ela poderá entrar em ressonância e oscilar com grandes amplitudes, que causam a quebra de sua estrutura. Durante terremotos, dois prédios diferentes podem responder de forma diferente às vibrações, dependendo de como se relacionam as frequências naturais de vibração do prédio e as frequências aceleradoras do terremoto. A rigidez do prédio, que é determinada pela forma de construção e pelos materiais usados, tem tanta importância quanto o tamanho do prédio.

O efeito das oscilações pode ser observado nesta atividade. Para isto, você vai precisar de: um pedaço de cartolina de (35 50) cm²; um pedaço de papelão de caixa de embalagem de (30 20) cm²; fita-crepe ou durex; tesoura.

a) Corte 3 ou 4 tiras de cartolina de 2,5 cm de largura. A tira mais longa deve ter 50 cm de comprimento, e cada uma das outras deve ser 10 cm mais curta que a anterior. Faça anéis com as tiras, colando as pontas, e cole os anéis no papelão, como na Figura II-7.

b) Balance o papelão para frente e para trás (Fig. II-7A). Comece com uma frequência muito baixa e aumente aos poucos a frequência. Note que os anéis vibram fortemente, ou **ressoam**, com diferentes frequências. Que anel vai entrar em ressonância com a frequência mais baixa? E com que frequências os outros anéis entram em ressonância?

Capítulo II A estrutura da Terra   41

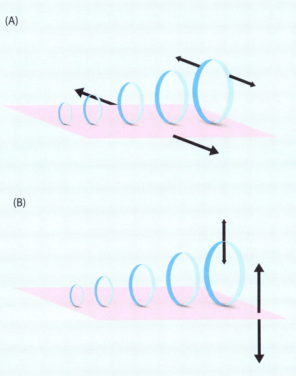

Figura II-7: Montagem com anéis; mova o papelão para produzir: (A) oscilação horizontal; (B) oscilação vertical.

c) Depois de passar pela frequência de ressonância de todos os anéis, continue a aumentar a frequência. O que acontece?

d) Balance o papelão de cima para baixo e observe o que acontece (Fig. II-7B).

e) As frequências de ressonância dos anéis dependem de suas características, como sua massa e sua rigidez. Objetos mais rígidos têm frequências de ressonância mais altas, enquanto objetos de maior massa têm frequências de ressonância mais baixas. Levando isso em conta, que anel deve ter a menor frequência de ressonância?

Esta e outras atividades interessantes podem ser encontradas no *site*: http://www.exploratorium.edu (acesso em: jan. 2012)

Atividade sísmica em outros planetas

Nossos vizinhos do sistema solar parecem ter sido afetados por atividade sísmica no passado; porém, não há evidência de abalos atualmente.

A Lua, por ter seu interior sólido, não tem a estrutura de placas como a Terra e, portanto, não sofre os movimentos de placas; no entanto, foram registrados tremores que podem ter diferentes causas:

- dilatação e contração térmica: a duração do "dia" na Lua é de um mês terrestre,* e a exposição do solo à radiação solar por um longo período provoca enormes diferenças de temperatura entre a região iluminada e a escura, causando abalos na região de transição dia/noite;
- o impacto de meteoros pode provocar abalos na superfície lunar;
- a atração gravitacional da Terra e do Sol provoca mudanças na forma da Lua que podem ocasionar abalos.

A Lua tem estruturas que parecem evidenciar a presença de vulcões no passado.

O planeta Marte foi o mais estudado até agora; parece ter uma estrutura de placas tectônicas semelhante à da Terra e tem evidências de atividade vulcânica no passado, embora não exista nenhum registro de atividade vulcânica atual.

Vênus e Mercúrio foram menos estudados, já que suas superfícies são inóspitas e não permitem a instalação de aparelhos de medida. Há evidências de atividade vulcânica no passado, mas é pouco provável que atualmente haja alguma atividade. Pode ser que ocorram abalos semelhantes aos que ocorrem na Lua.

Os outros planetas do sistema solar, por terem constituição líquida ou gasosa, não apresentam atividade sísmica. Alguns satélites de Júpiter e Saturno são sólidos e apresentam vulcanismo, notadamente Io, satélite de Júpiter, onde foram observadas imensas projeções de gases de enxofre.

---

* Ver a leitura "Marés", no Capítulo IV.

Atividade interdisciplinar

A8. A leitura do livro *Viagem ao centro da Terra*, de Júlio Verne, permite a realização de um projeto interdisciplinar, desenvolvido pelos professores das diversas disciplinas, com a leitura prévia do livro feita pelos próprios professores, em conjunto ou individualmente. Abaixo estão listados alguns dos assuntos que poderão ser abordados e discutidos nas diversas disciplinas. Recomenda-se que os alunos sejam divididos em grupos e, depois de lerem o livro, pesquisem sobre uma das facetas da novela, relatando suas conclusões aos outros grupos.

Figura II-8: Ilustração de E. Riout para o livro *Viagem ao centro da Terra*, de Júlio Verne, edição de 1867.

Literatura:
- situar a época em que o livro foi escrito;
- verificar os usos e costumes da época, relatados no livro: meios de transporte; habitação; alimentação; estrutura familiar; a posição social de professores e cientistas; o papel das sociedades científicas;
- pesquisar línguas e formas de escrita anteriores à época do livro.

Geografia:
- localizar os países citados no livro: Alemanha, Dinamarca, Islândia, Groenlândia, Inglaterra, Itália;
- traçar em um mapa o suposto trajeto subterrâneo dos personagens;
- estudar as características geofísicas da Islândia;
- aprender sobre diversas eras geológicas e suas características;
- aprender sobre atividade vulcânica e fontes termais.

Biologia:
- pesquisar sobre animais e plantas pré-históricos.

Física:
- caracterizar os instrumentos levados na expedição e a utilidade de cada um;
- verificar como os personagens utilizaram seus instrumentos para determinar sua posição, datas, temperaturas; comparar com a aparelhagem que existe atualmente para os mesmos fins;
- estudar as posições da sombra durante o ano em locais de grandes latitudes e comparar com o que acontece próximo ao Equador;
- pesquisar a origem e as características do fogo de Santelmo, observado pelos personagens em sua viagem;
- comparar os instrumentos usados pelos personagens para a descida ao fundo da cratera com instrumentos atuais de escalada e *rappel*;
- compreender a origem das marés;
- compreender como se deu a propagação do som nas galerias visitadas pelos personagens;
- compreender por que a bússola usada pelos personagens inverteu a sua polaridade.

Química:
- pesquisar a composição das rochas encontradas pelos personagens;
- pesquisar sobre os produtos químicos que foram usados durante a viagem.

Conclusão:
Ao final da leitura e estudo de passagens do livro, os alunos serão capazes de questionar, discutindo em conjunto:

- a existência de um mundo subterrâneo, com plantas e animais, fósseis humanos, temperatura amena, um "mar" subterrâneo com ilha, nuvens, etc;
- a possibilidade de os personagens voltarem à superfície externa do globo flutuando na lava de um vulcão em erupção.

CAPÍTULO III
A COMPOSIÇÃO DO GLOBO TERRESTRE

A composição do Universo e do Globo Terrestre

As teorias mais aceitas atualmente sobre a formação do Universo indicam que os diversos elementos foram formados em duas etapas principais: os elementos hidrogênio e hélio surgiram nos primeiros minutos após o Big Bang, através da fusão de prótons e núcleos já existentes. A fusão de elementos mais pesados ocorreu posteriormente, pois requer condições extremas de temperatura e pressão, para que seja vencida a barreira de potencial repulsivo durante a aproximação dos núcleos: essas condições são encontradas no interior das estrelas, e é aí que se formaram os elementos com número atômico inferior ou igual ao do ferro. Elementos mais pesados que o ferro somente são criados nas explosões de estrelas supernovas. A composição estimada da matéria no Universo é mostrada na Figura III-1. Nota-se a grande predominância de hidrogênio e hélio, com apenas 2% da massa estimada sendo constituída de outros elementos.

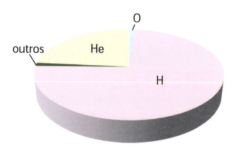

Figura III-1: Distribuição em massa dos elementos no Universo.

A composição estimada para o Globo Terrestre é dada na Figura III-2. Nota-se a grande presença de elementos mais pesados. O campo gravitacional da Terra não é suficiente para reter o hidrogênio, que só ocorre na Terra em compostos com outros elementos. O hélio também não é retido, e, sendo um gás nobre, não forma compostos com outros elementos. Ele ocorre apenas em bolsões subterrâneos e, quando retirado, é usado em circuitos fechados para que não escape para o espaço.

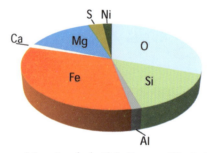

Figura III-2: Composição estimada do Globo Terrestre (distribuição em massa).

A distribuição dos elementos no Globo Terrestre não é uniforme: grande parte dos elementos mais pesados se encontra em seu interior, formando um núcleo de ferro e níquel. A crosta é composta principalmente de elementos mais leves, que se distribuem de forma diferente na litosfera (parte sólida), na hidrosfera (oceanos) e na atmosfera.

A Figura III-3 mostra os principais elementos que compõem a litosfera: os elementos mais abundantes são o oxigênio e o silício, que formam a base dos silicatos, principais rochas da litosfera. Os outros elementos mostrados na figura formam rochas menos abundantes; elementos mais pesados são extremamente raros.

Capítulo III A composição do Globo Terrestre

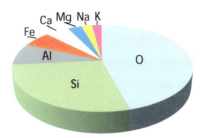

Figura III-3: Composição da parte sólida da crosta terrestre (distribuição em massa).

Na Figura III-4, podemos observar a composição dos oceanos: temos principalmente oxigênio e hidrogênio, que se ligam para formar a água, e alguns elementos que formam sais solúveis. Embora cada molécula de água contenha dois átomos de hidrogênio e um de oxigênio, a figura mostra uma abundância maior de oxigênio nos oceanos. Isso se explica quando lembramos que a figura mostra a distribuição em massa, e não em número de átomos, e que um átomo de oxigênio pesa 16 vezes mais que um de hidrogênio.

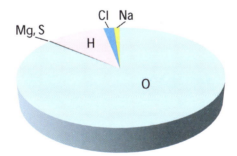

Figura III-4: Composição dos oceanos (distribuição em massa).

A composição da atmosfera é mostrada na Figura III-5. Nessa camada que envolve a Terra, encontramos principalmente nitrogênio e oxigênio. Note a presença de argônio que, embora seja um elemento raro, aparece na distribuição por ter massa quase três vezes maior que a do nitrogênio. As proporções de carbono e de hidrogênio na atmosfera são variáveis porque provêm de vapor de água (H_2O) e de dióxido de carbono gasoso (CO_2), cujas concentrações não são constantes na atmosfera.

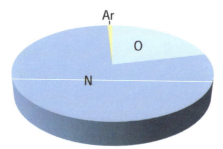

Figura III-5: Composição da atmosfera terrestre (distribuição em massa).

Para comparação, examinemos a distribuição dos elementos no corpo humano, mostrada na Figura III-6: nosso corpo é composto principalmente de água (H_2O) e de moléculas orgânicas (moléculas que contêm carbono em sua composição); outros elementos entram em proporções bem menores nas estruturas dos seres vivos. Nota-se novamente que, embora o número de átomos de hidrogênio seja maior, a sua proporção em massa é menor que a de oxigênio e de carbono.

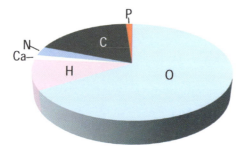

Figura III-6: Composição do corpo humano (distribuição em massa).

Atividade:

A1. A composição do solo pode ser observada através da atividade descrita a seguir.

Material necessário:

- prato, colher e copo descartáveis
- filtro de café descartável
- uma pequena porção de terra comum
- água
- lupa

Capítulo III A composição do Globo Terrestre   49

No copo descartável, dissolva meia colher de terra em duas colheres de água, desfazendo o mais possível os pequenos torrões da terra. Espalhe a lama obtida sobre o prato descartável, forrado com o filtro de papel, e deixe secar. As etapas da atividade são mostradas nas Figuras III-7 e III-8.

Figura III-7: Observação da composição do solo.

Depois de seca, observe com a lupa os componentes da terra e tente identificar:

- pequenos restos vegetais, como raízes ou folhas (Fig. III-8A);
- argila: pó muito fino, avermelhado ou amarelado, composto de aluminossilicatos e podendo conter óxidos de ferro, de alumínio ou de outros metais (Fig. III-8B);
- quartzo: pequenos cristais transparentes, compostos de óxido de silício. Quando existem impurezas de alguns metais, esses cristais terão um tom escurecido em vermelho, marrom, amarelo ou outros (Fig. III-8C).

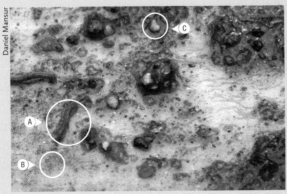

Figura III-8: Componentes do solo: (A) restos vegetais; (B) argila; (C) quartzo.

Pigmentos naturais

Figura III-9: Pintura rupestre encontrada na Serra da Capivara (PI) e que foi escolhida para a logomarca do Parque Nacional da Serra da Capivara.

Os desenhos encontrados em sítios arqueológicos, como o mostrado na Figura III-9, indicam que o homem primitivo já se utilizava dos elementos presentes na crosta terrestre para obter pigmentos, que fornecem as cores de suas pinturas. Esses pigmentos, obtidos da terra ou de restos animais e vegetais, foram usados por artistas de todas as épocas e ainda hoje são usados, algumas vezes complementados por pigmentos sintéticos.

As cores obtidas com pigmentos naturais e usadas nas pinturas rupestres são, essencialmente, o preto, o marrom, o vermelho, o amarelo e o branco. Atualmente é possível se determinar a composição dos pigmentos usados na Pré-História, através de análises feitas em amostras das pinturas.

O preto é composto de carbono (C), obtido na queima de madeira ou de ossos. No segundo caso, além do elemento C, estão também presentes o fosfato e o carbonato de cálcio: $Ca_3(PO_4)_2$ e $CaCO_3$.

As cores vermelha e amarela provêm de argilas que contêm óxidos de ferro em seus estados de oxidação III (para o vermelho) e II (para o amarelo). O ocre vermelho contém magnetita, um óxido de ferro-III anidro: Fe_2O_3; o chamado ocre amarelo é uma argila que contém goethita, que é um oxihidróxido de ferro-II: $FeO(OH)$.

O pigmento marrom, denominado terra de Siena, é uma mistura de óxidos de ferro-III, manganês e alumínio: $Fe_2O_3 \cdot (H_2O)$, $MnO_2 \cdot (nH_2O)$ e Al_2O_3.

A cor branca é proveniente do cal branco, também chamado branco San Giovanni, obtido de conchas e outros restos que têm em sua composição carbonato e óxido de cálcio: $CaCO_3$ e $Ca(OH)_2$.

Os pigmentos verdes e azuis só foram introduzidos mais tarde. Nas pinturas egípcias da Antiguidade são encontradas essas cores, obtidas principalmente de carbonatos e hidróxidos de cobre: $2CuCO_3 \cdot Cu(OH)_2$. A azurita tem tom azulado e a malaquita, esverdeada, provém da oxidação progressiva da azurita. A chamada terra verde é um composto complexo que contém silicatos de alumínio com ferro e manganês e ainda é usada por alguns artistas.

Outros pigmentos naturais usados na Antiguidade eram obtidos com sulfetos de arsênio (amarelo e laranja) e carbonatos de chumbo (branco intenso); devido à toxicidade desses elementos, os pigmentos que os contêm não são mais utilizados nas pinturas.

Metais

Os elementos metálicos possuem certas propriedades em comum, que podem ser explicadas pela sua estrutura atômica; devido a essas propriedades, tornaram-se úteis e muitas vezes indispensáveis em nossa vida diária.

Metais são bons condutores elétricos e térmicos, são opacos e possuem brilho característico; apresentam maleabilidade e dutilidade, e em geral têm altos pontos de fusão e de ebulição.

Essas características podem ser explicadas se considerarmos que os átomos desses elementos têm número atômico entre médio e elevado. Seus elétrons internos formam uma nuvem "fechada" em torno do núcleo, restando apenas um ou dois elétrons na última camada eletrônica. O núcleo fica quase totalmente blindado pela nuvem formada pelos elétrons internos, e os elétrons da última camada sofrem pouca força de atração do núcleo, podendo facilmente ser arrancados do átomo; por isso, são considerados como elétrons livres.

Um sólido metálico consiste em uma rede formada pelos núcleos atômicos com suas nuvens de elétrons internos (chamados "caroços"), rodeada de elétrons livres, que não estão ligados a nenhum átomo específico e que podem facilmente se deslocar através do sólido. Esse modelo explica as propriedades citadas para os metais: os elétrons livres são os responsáveis pela boa condução elétrica e térmica, visto que podem se movimentar ao serem expostos a um campo elétrico, e podem carregar energia térmica através do metal; na presença de campos eletromagnéticos com as frequências da luz visível, os elétrons livres são capazes de oscilar, impedindo a penetração da luz no interior do sólido e refletindo-a na direção incidente. As ligações entre os "caroços", por sua vez, explicam a maleabilidade (capacidade de se deformar sem se romper) e a dutilidade (capacidade de ser moldado em fios), pois eles estão fortemente ligados entre si, embora possam alterar sua posição com relação a seus vizinhos. Os altos pontos de fusão e ebulição também são devidos às fortes ligações entre os "caroços".

Por serem pouco reativos, alguns metais são encontrados livres na natureza: ouro, prata e cobre. Ferro, chumbo, mercúrio e estanho também podem aparecer livres, embora em geral formem compostos com outros elementos. As jazidas de metais foram formadas quando sais que continham esses elementos foram dissolvidos por água subterrânea, havendo mais tarde a precipitação dos íons metálicos.

A seguir, estão descritas as características próprias de alguns metais de interesse.

O ouro (Au) é o menos reativo dos metais. Por isso, dificilmente se oxida, sendo conveniente para o uso em contatos elétricos em circuitos de precisão, como em componentes eletrônicos ou instrumentos musicais. Sua beleza faz com que seja usado na manufatura de joias e moedas; porém, por ser muito maleável, é necessário formar ligas com outros metais, para aumentar a sua resistência mecânica. Tratando-se de elemento raro, é usado como reserva de riqueza. Possui alta densidade (~20 g/cm^3).

A prata (Ag) possui a mais alta condutividade entre todos os metais, sendo usada também em contatos elétricos; porém, se oxida com facilidade. A beleza e a raridade tornam esse metal um candidato para a fabricação de joias, moedas, talheres e serviços de mesa de luxo. Sais de prata fotossensíveis são usados em fotografia com negativos.

O alumínio (Al) é muito abundante na crosta terrestre, encontrado sob a forma de silicatos, óxidos e hidróxidos; possui baixa densidade (~3 g/cm^3). A oxidação do metal fica aderida à sua superfície e impede o prosseguimento da oxidação para o interior do sólido. Essas características o tornam interessante para o uso nas indústrias automotiva e aeronáutica, de construção civil, de fornecimento de energia elétrica, além de ser útil na fabricação de recipientes, como as latas de refrigerante. Quando é necessário aumentar sua resistência mecânica, são usadas ligas de alumínio e magnésio (Mg). Os produtos de alumínio, notadamente as latas de refrigerante, podem ser reciclados com grande economia de energia: a reciclagem de latas consome apenas 7% da energia necessária para se obter alumínio a partir do minério.

O ferro (Fe) é o metal mais usado e o quarto elemento mais abundante na crosta terrestre. A oxidação do ferro penetra no material e provoca a degradação das peças, que precisam receber uma proteção na superfície. As ligas de ferro com pequenas quantidades de carbono (C) formam os aços, que podem ser inoxidáveis, proporcionam grande resistência mecânica e são comercialmente mais interessantes que outras ligas metálicas.

O cobre (Cu) é o segundo melhor condutor elétrico e, por ser mais barato que a prata, é muito usado em fios para condução de eletricidade. Para evitar a oxidação e os contatos elétricos indesejáveis, os fios são recobertos com verniz ou com uma camada de plástico. As ligas de cobre e estanho (Sn), o bronze, e de cobre e zinco (Zn), o latão, conferem resistência mecânica aliada à beleza da cor, sendo usadas em joias e moedas.

O chumbo (Pb) é muito denso (~11 g/cm³) e tem pouca resistência mecânica. É usado principalmente como lastro, na fabricação de vidros especiais e eletrodos de baterias e como blindagem de material radioativo. Seu uso tem diminuído devido à sua toxicidade.

O tungstênio (W) é o metal que tem o mais elevado ponto de fusão (~3.400 °C) e por essa razão é usado como filamento de lâmpadas incandescentes. No entanto, a sua oxidação ocorre mais facilmente a altas temperaturas e é necessário retirar, ao menos parcialmente, o oxigênio do bulbo das lâmpadas, fazendo vácuo ou substituindo o ar interior por gases inertes. É também usado em ligas de aços especiais que suportam altas temperaturas, como na construção de turbinas de aviões.

Atividades:

A2. Examine amostras de metais e ligas e identifique suas características. Faça uma lista citando aspecto, cor, densidade, maleabilidade, cor da oxidação, magnetização e outros aspectos que possam diferenciar uma amostra de outra.

A3. Descasque um pedaço de fio elétrico e descreva os materiais de que ele é composto. Qual a função de cada material no uso do fio como condutor elétrico?

A4. Coloque um cubo de gelo em um copo de alumínio e outro cubo de dimensões semelhantes em um copo de vidro. Após algum tempo, verifique o que aconteceu com os cubos de gelo e tente explicar o que observou, levando em conta as diferentes propriedades dos materiais envolvidos.

A5. Em um programa de auditório, o apresentador distribui um milhão de reais em barras de ouro, que, segundo ele, "valem mais que dinheiro". As barras são apresentadas em uma maleta tipo "James Bond", manipulada com apenas uma das mãos pelo apresentador. Considerando a densidade do ouro como 20 g/cm³ e consultando o preço do ouro em: http://goldprice.org/ (acesso em: ago. 2011) ou em outra fonte confiável, determine se a mala contém realmente barras de ouro.

Cristais

Os sólidos cristalinos são aqueles em que os átomos são encontrados em arranjos ordenados. A ordem interior influencia o aspecto exterior de um cristal; ele tem faces planas que formam ângulos característicos para cada cristal (FIG. III-10).

As propriedades dos cristais podem ser explicadas pela sua estrutura atômica: assim, a dureza é devida às grandes forças de ligação entre os átomos; a transparência e a alta resistência elétrica são devidas à ausência de elétrons livres que respondam aos campos eletromagnéticos ou elétricos.

Os cristais encontrados na natureza foram formados em camadas subterrâneas da crosta terrestre, a partir de material fundido ou de soluções que continham os elementos de que o cristal é constituído. O material foi submetido a variações de temperatura e pressão, que promoveram a precipitação dos sólidos em arranjos ordenados. Mais tarde, devido aos movimentos das placas tectônicas, essas camadas afloraram, presenteando-nos com material de rara beleza.

É possível obterem-se cristais artificialmente, a partir de soluções ou do material fundido; em alguns casos, isso exige aparelhagem especial, que reproduza as condições de temperatura e pressão necessárias para a formação da estrutura cristalina.

Figura III-10: (A) quartzo (dióxido de silício); (B) rosa do deserto (sulfato de bário); (C) sal de cozinha (cloreto de sódio).

Atividades:

A6. Usando uma lupa, examine um punhado de areia e um de sal grosso. Verifique que ambos os sólidos são cristalinos e que têm faces planas, formando ângulos bem definidos.

A7. Esta atividade mostrará como obter um cristal de sulfato de cobre. Para isso você vai precisar de:
- 50 g de sulfato de cobre, que pode ser adquirido em lojas de material para limpeza de piscinas;
- 100 ml de água pura, de preferência destilada, que pode ser adquirida em postos de gasolina;
- dois recipientes limpos com capacidade para 250 ml ou mais; um deles deve de preferência ter um bico vertedor (jarra, béquer);
- uma colher ou pauzinho para agitar a mistura;
- um pedaço de filme plástico de cozinha;
- um palito.

Cuidado: Não colocar o sulfato de cobre na boca.

a) Misture o sulfato de cobre com a água, dentro da jarra ou do béquer. É necessário que a solução esteja saturada, isto é, que seja dissolvido o máximo possível de sal na água. Quando a solução estiver saturada, pequenos cristais do sal ficarão depositados no fundo da jarra, sem se dissolver.

b) Quando o sal estiver dissolvido, despeje a solução cuidadosamente no outro recipiente, sem deixar cair os cristais não dissolvidos. A partir desse momento, o novo recipiente não poderá ser movido; por isso, escolha com cuidado o local onde ele estará e coloque um aviso solicitando que ele não seja movido.

c) Cubra o novo recipiente com o filme plástico, e em seguida faça pequenos furos no plástico com o palito.

d) A água da solução vai evaporar lentamente pelos furos do filme plástico; aos poucos, a solução não poderá mais conter todo o sal dissolvido, e pequenos cristais vão se depositar no fundo do recipiente. Se este não sofrer vibrações, o sal vai se acumular em torno dos cristalitos, formando um belo cristal de cor azul, que pode alcançar vários centímetros em cada direção.

Observação: A formação de um cristal com a dimensão de alguns centímetros pode demorar de um a dois meses.

Novos materiais

Desde a Pré-História, o ser humano utiliza os materiais a seu alcance para fabricar ferramentas, utensílios e adornos. Foram usadas pedras lascadas e polidas e, mais tarde, os metais e o barro extraídos do solo, assim como material extraído de plantas e animais. A partir do século XIX, e mais intensamente durante o século XX, os elementos naturais passaram a ser modificados para produzir materiais mais sofisticados e atendendo melhor às necessidades humanas: assim surgiram os plásticos, os materiais semicondutores e, mais recentemente, as nanopartículas.

Plásticos

Os plásticos são materiais criados artificialmente, constituídos de polímeros (cadeias longas em que uma unidade básica – o monômero – é repetida diversas vezes). Os plásticos levam esse nome devido a uma qualidade comum, a plasticidade, podendo ser fabricados com características e formas específicas para cada aplicação.

Até o século XIX, eram conhecidos polímeros naturais como a celulose, constituinte de vegetais em geral, e o isopreno, que formava o látex da borracha. As primeiras modificações desses materiais, feitas nos anos 1840, visaram melhorar sua qualidade:

- o inventor norte-americano Charles Goodyear (1800-1860) criou a borracha vulcanizada, fazendo o recozimento do látex em presença de enxofre; este forma ligações que unem as cadeias do isopreno, propiciando ao material mais elasticidade e resistência a esforços mecânicos, a variações de temperatura e ao ataque de ácidos.
- a celulose foi tratada com alguns solventes, notadamente a cânfora, gerando a celuloide (material rígido que substituiu o marfim) e o rayon, fibra forte e resistente, que substituiu a seda.

No início do século XX, surgiu o primeiro material completamente sintético, isto é, sintetizado a partir de produtos não naturais: a baquelita, obtida pela reação entre fenol e formaldeído.

A primeira fibra sintética obtida foi o nylon, polímero formado com moléculas que contêm os radicais $COOH$ e NH_2, formando longas cadeias dos monômeros (–NH–[CH$_2$]$_n$–CO–). A fibra obtida substitui com vantagem as fibras naturais, já que é forte, leve, durável, eletricamente isolante e pouco absorvente. Uma característica interessante é que seu ponto de fusão é inferior ao de ignição: o tecido feito com nylon "derrete" antes de pegar fogo. A disposição das fibras dentro do material pode explicar algumas características do nylon: regiões amorfas, em que as fibras estão enroladas em si próprias e umas com as outras, conferem elasticidade ao material; regiões cristalinas, em que as fibras estão bem organizadas e aparecem ligações entre elas, são responsáveis pela rigidez. Para cada aplicação, proporções definidas de regiões amorfas e cristalinas serão usadas para se obter as características necessárias.

Atualmente, usam-se diversos tipos de plástico, com características diferentes para cada uso. As características dependem da estrutura molecular do material. Um exemplo interessante e recente são os polímeros condutores: por serem baratos, leves e poderem ser moldados em formas diversas, têm sido propostos na fabricação de componentes eletrônicos.

Os plásticos são nocivos à natureza? Devido ao fato de serem duráveis, os plásticos têm criado um problema de descarte, gerando um lixo que pode demorar anos e até séculos para se desfazer. Além disso, a sua produção gera subprodutos poluentes que podem afetar solos e águas. A reciclagem dos plásticos nem sempre é fácil, pois um mesmo produto pode ser formado por diferentes tipos de plástico, cada um possuindo um protocolo distinto para reutilização.

Deveria então ser banida a fabricação de plásticos? Antes de adotar essa ideia, é preciso avaliar, além das desvantagens, as vantagens desse material: por exemplo, por ser leve, barato e passível de ser moldado em múltiplas formas, o plástico pode ser usado na fabricação de material descartável para uso em hospitais e lanchonetes; isso traz benefícios para a saúde e enorme economia de água e energia, bens preciosos e escassos, que seriam gastos na limpeza e na esterilização dos produtos não descartáveis.

Usadas na indústria, as embalagens plásticas, por serem rígidas, leves e baratas, protegem os produtos, trazem economia de energia no transporte e diminuem o custo final do produto.

Os plásticos biodegradáveis, que diminuiriam os problemas de descarte, ainda não são muito eficientes e têm custo elevado. Na substituição de sacolas plásticas por sacolas de tecido, é preciso considerar-se que a fabricação de sacolas de tecido consome muito mais água e energia que a de sacolas plásticas.

Podemos então concluir que, nesse caso, como em todas as situações da vida diária, a melhor postura será a de se aproveitar as vantagens dos materiais sintéticos sem cair em exagero.

Atividade:

A8. Faça uma lista do conteúdo do seu estojo escolar, citando os materiais que entram na composição de cada item. Que tipo de material é encontrado em maior quantidade: de origem mineral, orgânica ou sintética?

Semicondutores

Os condutores elétricos, em geral, são materiais em que é possível separar elétrons de seus átomos, para que possam formar a corrente elétrica. Os metais são bons condutores porque possuem um ou mais elétrons pouco ligados ao átomo, em sua camada eletrônica mais externa. Esses elétrons podem ser facilmente separados e se mover sob a ação de um campo elétrico. A condutividade elétrica dos metais decresce com o aumento da temperatura, pois, com o aquecimento, os átomos aumentam suas vibrações. Os elétrons livres, em seu movimento, poderão se chocar com os átomos que vibram, o que vai dificultar sua movimentação.

Os semicondutores são materiais cuja condutividade pode ser facilmente aumentada com o aumento da temperatura (semicondutores intrínsecos) ou com a adição de alguns átomos diferentes em sua composição (semicondutores extrínsecos). Num material semicondutor, todos os elétrons estão ligados a seus átomos. Por isso, sua condutividade é menor que a de um condutor. No entanto, com o aumento da temperatura, alguns elétrons são facilmente desligados de seus átomos e podem participar da corrente elétrica. Quanto maior a temperatura, mais átomos se desligarão e, portanto, maior será a condutividade do material.

Outra forma de modificar a condutividade de um semicondutor é com a adição em sua composição de alguns átomos de outro material, que chamamos de dopante. A Figura III-11 mostra a estrutura de um cristal de silício. Cada átomo de silício possui 4 elétrons em sua última camada eletrônica e compartilha cada um desses elétrons com um de seus 4 vizinhos mais próximos. Na Figura III-11A, cada ligação atômica é representada por um traço. Se um dos átomos de silício for substituído por um átomo de fósforo, que tem 5 elétrons em sua última camada eletrônica, 4 dos elétrons do fósforo participarão das ligações com os 4 átomos de silício vizinhos. O quinto elétron não vai compartilhar nenhuma ligação e, consequentemente, ficará livre para participar da condução elétrica, se for aplicado um campo elétrico ao material (Fig. III-11B). A condutividade do material será proporcional à concentração de átomos de fósforo adicionada.

Capítulo III A composição do Globo Terrestre

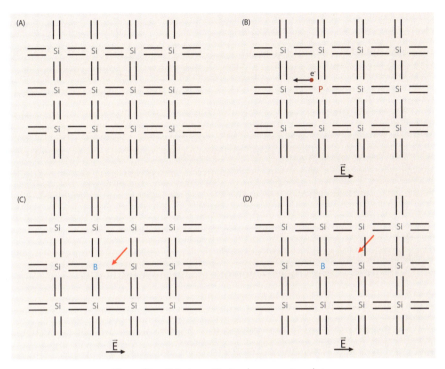

Figura III-11: Estrutura atômica de um semicondutor.

Materiais que modificam a condutividade do semicondutor porque acrescentam um elétron livre à sua estrutura são chamados dopantes doadores ou tipo-n (condução feita por partículas negativas).

Na Figura III-11C, um átomo de silício foi substituído por um átomo de boro, que tem somente 3 elétrons na sua última camada eletrônica. Uma das ligações com os átomos vizinhos, então, ficará truncada. O que ocorre é que a aplicação de um pequeno campo elétrico pode fazer com que um elétron de um átomo vizinho se desloque para esse local, deixando uma ligação truncada em seu átomo de origem (Fig. III-11D). Outro elétron do material vai então se mover para preencher a lacuna, e o movimento resultante é equivalente a dizer que o "buraco" está se deslocando na direção contrária ao do movimento do elétron. Em vez de ser feita por elétrons, a condução elétrica será feita por "buracos", que se comportam como partículas de mesma massa que o elétron e de carga positiva. Novamente a condutividade do material será proporcional à concentração de dopante adicionada.

Os materiais que modificam a condutividade do semicondutor por acrescentarem "buracos" à sua estrutura são chamados dopantes aceitadores, porque aceitam os elétrons do semicondutor, ou tipo-p (positivos).

Combinando-se semicondutores que contêm dopantes tipo-n e tipo-p, em concentrações adequadas, é possível construir toda uma gama de dispositivos, em que cada porção do material tem uma propriedade elétrica bem definida. Como é possível controlar a composição do material em regiões muito pequenas, os dispositivos se tornaram menores que os construídos usando material condutor. Sua diminuta dimensão possibilitou a construção de circuitos usados na microeletrônica para a montagem de computadores, telefones celulares e todo tipo de equipamento eletrônico usado atualmente.

Nanopartículas

As nanopartículas são partículas com dimensões da ordem de nanômetros (10^{-9} m), ou milionésimos de milímetros. Por serem tão diminutas, possuem poucos átomos em seu interior, e as características ligadas à sua área superficial passam a ser mais importantes que as ligadas ao seu volume. Além de haver economia de material, pode acontecer que os materiais tenham suas propriedades modificadas ao ser reduzidos a nanopartículas. Por exemplo, ficam evidenciadas as propriedades quânticas dos átomos e das moléculas. Essas propriedades não são detectadas quando se tem uma grande quantidade de átomos, como nos objetos que têm escala comparável à humana. Quando reduzidos a nanopartículas, metais como o ferro e o paládio mudam seu estado de magnetização. O carbono pode se apresentar como metal ou semicondutor, dependendo de como os átomos se organizam dentro da nanopartícula.

Atualmente, as nanopartículas são obtidas usando-se diferentes procedimentos físico-químicos. Existem propostas para o uso de partículas de metais em componentes eletrônicos, em que são importantes o tamanho e o preço reduzidos dos contatos elétricos; em fármacos, para uso na medicina, em que pequenas partículas poderiam interagir com microorganismos ou com as células a ser tratadas; e em diversas outras aplicações.

Para se ter uma noção das relações entre área superficial e volume ao se mudar a escala de um objeto, basta se considerar que, se as dimensões lineares de um objeto forem reduzidas de 10 vezes, sua área superficial será reduzida de 100 vezes, e seu volume, de 1.000 vezes. Ou seja, enquanto o objeto inicial tinha uma razão entre área e volume de 1:1, o novo objeto terá uma razão de $\frac{1}{100} : \frac{1}{1000}$, ou seja, de 10:1. As atividades a seguir ajudam a compreender as relações entre área e volume nas mudanças de escala.

Atividades:

A9. Quantos átomos são necessários para se formar uma partícula de dimensão linear igual a 10^{-9} m? Considere que tanto o átomo quanto a partícula têm forma de cubo e que o átomo tem dimensão linear igual a 10^{-10} m. Desses átomos, quantos estariam dispostos sobre as faces do cubo-partícula?

A10. a) O que é mais eficiente para se fazer um purê de batatas: 1 kg de batatas grandes ou 1 kg de batatas pequenas?

b) Por que um bebê precisa ser mais bem agasalhado que uma pessoa adulta?

c) Por que a maquete de uma ponte pode ser construída em papelão e a ponte precisa ser construída em concreto? Lembre-se de que a resistência de um material depende da sua área transversal e que seu peso depende do volume.

d) Considere que o aporte de energia para uma célula se dá através da sua superfície, enquanto seu gasto energético depende do seu volume. Explique a vantagem da divisão celular.

CAPÍTULO IV
GRAVITAÇÃO

Aceleração da gravidade na Terra

Os objetos situados sobre a superfície da Terra sofrem a atração gravitacional que pode lhes conferir uma aceleração **g** aproximadamente constante de 9,8 m/s^2. Esse valor varia ligeiramente de um lugar para outro e depende da distribuição de massa no Globo Terrestre, além de outros fatores:

- a forma do globo influencia no valor de **g**: a atração gravitacional entre um objeto e a Terra é proporcional à distância entre o centro de massa do objeto e o centro de massa da Terra. Como o Globo Terrestre é achatado nos polos e mais alongado no Equador, um corpo no Equador estará mais distante do centro de massa da Terra que outro, situado num polo. Assim, a atração gravitacional no Equador será ligeiramente menor que nos polos;

- a superfície da crosta terrestre não é uniforme; ela apresenta montanhas e vales. Por isso, os objetos situados em diferentes locais estarão a distâncias ligeiramente diferentes do centro, e sofrerão atrações diferentes;
- o material da crosta não é homogêneo: locais onde existe material mais denso terão valor de **g** maior que outros, onde o material for menos denso. Esse fato é usado na prospecção de metais no subsolo (regiões mais densas, que provocam aumento em **g**) ou petróleo (menos denso, fazendo com que **g** seja menor);
- os movimentos tectônicos (deslocamento de placas, vulcanismo) ou de placas de gelo, e até mesmo grandes construções, podem mudar localmente o valor de **g**, devido à mudança local de distribuição de massa.

O peso aparente de um objeto corresponde à reação da superfície em que está apoiado à força exercida por ele devido à atração gravitacional, dada por **mg**.

No entanto, é preciso notar que o peso de um objeto não depende apenas da atração gravitacional, mas também de outras forças. Ele é claramente influenciado pela rotação da Terra, que diminui o peso do objeto no Equador, onde sua velocidade angular de rotação é maior, com relação ao peso nos polos (velocidade angular nula).

As tabelas IV-1 e IV-2 mostram valores de **g** em função da latitude (posição sobre a superfície da Terra) e em função da altitude.

Tabela IV-1: Variação da aceleração da gravidade com a latitude, ao nível do mar

Latitude (graus)	g (m/s^2)
0	9,780
10	9,782
20	9,786
30	9,793
40	9,802
50	9,811
60	9,819
70	9,826
80	9,831
90	9,832

Observação: Cerca de 65% da variação da aceleração da gravidade com a latitude se deve à rotação da Terra, e os 35% restantes são devidos à forma achatada do Globo Terrestre. Note que as variações estão na segunda e terceira casas decimais, podendo ser desprezadas em cálculos aproximados.
Fonte: W.Lopes, Cad. Bras. Ens. Fís., v. 25, n. 3, p. 561-568, dez. 2008.

Tabela IV-2: Variação da aceleração da gravidade com a altitude, a partir de um polo terrestre

ALTITUDE(km)	g (m/s^2)
0	9,83
5	9,81
10	9,80
50	9,68
100	9,53
400[a]	8,70
35.700[b]	0,225
380.000[c]	0,0027

a) altitude típica do ônibus espacial; b) altitude dos satélites de comunicação; c) distância Terra-Lua
Fonte: W. Lopes, Cad. Bras. Ens. Fís., v. 25, n. 3, p. 561-568, dez. 2008.

Atividades:

A1. a) Faça um furo no fundo de um copo descartável. Em um local ao ar livre (pátio da escola ou jardim), tampe o furo com um dedo e encha o copo com água. Destampe o furo e observe o que acontece. Caso a atividade tenha de ser realizada em local interno, coloque uma bacia ou um balde no chão, sob o copo.

b) Suba em uma cadeira, tampe novamente o furo e encha o copo com água. Solte o copo e observe o que acontece. Tente explicar o que você observou.

A2. Intervalos de tempo muito curtos podem ser medidos indiretamente. Por exemplo, o tempo de reação de uma pessoa pode ser medido utilizando-se a queda de uma régua de plástico. Segure a régua verticalmente pela ponta superior, de forma que o zero fique na ponta inferior. Um colega deve colocar os dedos próximos ao zero da régua e ficar pronto para segurá-la, quando perceber que você a soltou. Verifique a distância percorrida pela régua entre o momento em que você a soltou e o momento em que seu colega a segurou. Use a tabela IV-3 para avaliar o tempo de reação do colega. Em que se baseia esse método de medida do tempo?

Tabela IV-3: Tempos de reação

DISTÂNCIA PERCORRIDA PELA RÉGUA (cm)	5	10	15	20	25	30
TEMPO DE REAÇÃO (s)	0,10	0,14	0,17	0,20	0,22	0,24

Marés

Quem vive ou passeia próximo à praia conhece bem o fenômeno das marés, que consiste no deslocamento da linha da água para cima e para baixo, quatro vezes por dia. O efeito é mais acentuado nas épocas de Lua Cheia ou Lua Nova.

As marés ocorrem devido à atração gravitacional da Lua sobre a Terra: a parte líquida da crosta move-se devido a essa atração, modificando a posição das águas nas praias.

O Sol exerce sobre as águas dos oceanos terrestres uma força gravitacional 180 vezes maior que a exercida pela Lua. No entanto, o efeito da Lua sobre as marés é maior que o do Sol. Isso acontece porque o que provoca o aumento no nível das águas é a diferença na força gravitacional de um lado para o outro da Terra. Embora a força do Sol seja maior, ele está muito mais distante da Terra que a Lua. A diferença na força do Sol de um lado da Terra para o outro é de apenas 0,0017%, enquanto a atração da Lua difere de 6,7% entre um lado da Terra e o outro. Por isso, o movimento de subida e descida das águas acompanha a posição da Lua no céu, à medida que a Terra faz a sua rotação diária.

Também na Lua existiram marés: antes que sua superfície esfriasse e passasse de líquida a sólida, o líquido se deslocava devido à atração gravitacional da Terra. A superfície líquida acompanhava a posição da Terra, e o interior sólido tinha um movimento de rotação próprio. O atrito entre a parte líquida e a sólida fez com que a rotação da Lua em torno de si mesma fosse desacelerada. Atualmente, a rotação da Lua em torno de si mesma leva o mesmo tempo que sua rotação em torno da Terra: um dia lunar é igual a um mês lunar. Devido a esse "efeito de maré" a Lua nos mostra sempre a mesma face.

A Terra também sofre o "efeito de maré" e provavelmente, em um futuro distante, um dia da Terra será igual a um mês lunar!

Atividades:

A3. A atividade A1, proposta no capítulo I, pode ser usada para se entender os momentos de marés alta e baixa, assim como a equiparação entre dia e mês lunares. Numa sala escurecida, peça a um colega que aponte a lanterna para sua cabeça. A sua cabeça representa a Terra, e a lanterna, o Sol (Fig. IV-1). Peça a outro colega que segure uma bola na altura da sua cabeça. Ela representará a Lua.

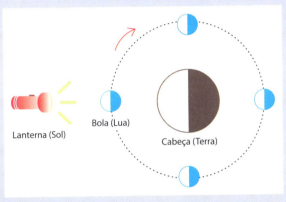

Figura IV-1: Em que situações temos maré alta? e maré baixa? e quanto vale um dia lunar?

a) Na posição que corresponde à época de Lua Cheia, identifique as regiões de sua cabeça onde se terá maré alta e maré baixa. Em que momentos do dia elas ocorrerão?
b) Por que o efeito das marés é mais acentuado nas Luas Cheia e Nova que nos Quartos Crescente e Minguante?
c) Peça ao colega que está segurando a Lua que a faça girar em torno da Terra, mantendo sempre a mesma face voltada para a Terra. Observe em que momentos é dia ou noite em um ponto sobre a Lua, e verifique que, para que transcorra um dia lunar, será necessário que a Lua faça uma volta completa em torno da Terra, ou seja, que transcorra um mês lunar.

A4. Em um bolero tradicional, um cantor apaixonado diz

Contigo aprendí a ver la luz del otro lado de la luna!
Contigo Aprendí (Armando Manzanero)

O que é necessário que o apaixonado faça para que a frase seja verdadeira?

Uso da gravitação em uma máquina simples: o monjolo

O monjolo é uma máquina rudimentar que se utiliza da atração gravitacional para realizar o trabalho na moagem de grãos. Consiste em um tronco onde uma das pontas foi escavada para conter água e, na outra ponta, foi preso um pilão (Fig. IV-2). O instrumento é instalado de forma que a cavidade receba água continuamente. O tronco é preso por um eixo no seu centro, podendo oscilar e levantar ou abaixar o pilão. Quando não há água na cavidade, o peso do pilão faz com que ele caia dentro de um recipiente com grãos. Quando a cavidade se enche de água, o braço onde está a cavidade fica mais pesado, e o pilão se levanta. Durante esse movimento, a água escorre para fora da cavidade, fazendo com que o conjunto retorne à situação inicial e o pilão caia com força sobre os grãos.

Figura IV-2: O monjolo.

Geotropismo nas plantas

A atração gravitacional da Terra afeta as plantas através das auxinas, hormônios que regulam o crescimento vegetal. Uma alta concentração de auxinas no caule estimula o crescimento, enquanto na raiz a alta concentração inibe o crescimento. Assim, por exemplo, se uma planta for colocada na horizontal, haverá um acúmulo de auxinas, por gravidade, nas regiões do caule e da raiz que estiverem para baixo. No caule, a alta concentração de auxinas promoverá o crescimento mais acentuado da região que está em baixo, e ele crescerá fazendo uma curva para cima. Na raiz, ao contrário, a concentração de auxinas inibirá o crescimento da região que está em baixo, em comparação com a que está em cima: a raiz crescerá fazendo uma curva para baixo. A orientação do crescimento das plantas devido à atração gravitacional da Terra é chamada geotropismo: no caule, temos o geotropismo negativo (contrário à direção do campo gravitacional) e, na raiz, geotropismo positivo.

Atividade:

A5. Para esta atividade, você vai precisar de:

- uma caixa de CD com um dos lados transparente;
- 5 grãos de feijão;
- alguns guardanapos de papel;
- um elástico;
- papel de alumínio;
- água.

(A atividade levará entre 5 e 7 dias para se completar.)

Forre a caixa de CD com guardanapos de papel umedecidos. Coloque sobre eles os grãos de feijão, em diferentes direções (o "olho" para cima, para baixo, para a direita, para a esquerda, a 45º com a horizontal...). Feche a caixa, prenda-a com o elástico, embrulhe-a com o papel de alumínio e coloque-a na vertical, marcando o sentido "para cima". O papel de alumínio evitará a entrada da luz, eliminando qualquer efeito devido ao fototropismo (orientação da planta na direção da luz).

Figura IV-3: Geotropismo em grãos de feijão (A): Início do experimento; (B): após 3 dias; (C): após 6 dias.

Verifique diariamente se é necessário acrescentar algumas gotas de água ao papel, para que ele esteja sempre umedecido, expondo os grãos à luz o mínimo de tempo possível, e retornando a caixa à posição e sentido originais.

Após alguns dias, os grãos começarão a brotar. Observe que, em todos os casos, as raízes apontarão para baixo e o caule para cima, mesmo que seja necessário que estas partes da planta cresçam em curvas (Fig. IV-3).

Mapeamento gravimétrico da Terra

Em todo o mundo são feitas medidas da aceleração gravitacional da Terra, em pontos escolhidos. Os valores são registrados nos arquivos dos órgãos oficiais de cada país e disponibilizados para a confecção de mapas gravimétricos e para uso dos pesquisadores e outras pessoas interessadas.

No Brasil, o Observatório Nacional (http://www.on.br/ - acesso em: jan. 2012) tem um Departamento de Geofísica, que se encarrega deste tipo de medidas. Os locais onde é feita a medição de **g** recebem uma placa identificada, que não pode ser destruída e servirá de referência para medições posteriores. Em geral, os locais escolhidos são adros de igrejas, aeroportos ou prédios públicos, com pouca probabilidade de intervenção no futuro.

A Figura IV-4 mostra a placa gravimétrica instalada em um dos auditórios do Instituto de Ciências Exatas da UFMG (Belo Horizonte, MG), ao pé de uma coluna. O valor medido para a aceleração da gravidade foi g = 9,78 38 163 ± 4×10^{-7} m/s².

Marcos Geraldo Rodrigues Maria

Figura IV-4: (A) identificação do ponto gravimétrico; (B) placa informativa sobre a medida feita; (C) localização do ponto gravimétrico, ao pé de uma coluna.

A medida precisa do valor de **g** é feita usando-se um gravímetro, que, com o auxílio de uma mola sensível ou de um campo magnético, ambos com parâmetros bem determinados, mede a força necessária para se anular o peso de um objeto de massa conhecida.

O valor determinado para **g** em diferentes pontos da superfície terrestre é usado em cálculos que informam sobre:
- a forma da Terra (geofísica);
- a órbita de satélites (engenharia espacial);
- ao constituição do subsolo (prospecção mineral);
- a circulação de água nos oceanos (estudos do clima).

Atividade:

A6. Para essa atividade, você vai precisar de
- um pequeno objeto (pode ser uma esferinha de aço, bolinha de gude, saquinho de areia);
- linha de algodão bem resistente;
- cronômetro (ou qualquer relógio que indique o tempo em segundos);
- fita métrica.

Construa um pêndulo de cerca de 1 m de comprimento, usando um pequeno objeto amarrado a um barbante fino. Prenda-o em um lugar firme, de modo que ele possa oscilar sem esbarrar em nada. Meça cuidadosamente o comprimento **L** do pêndulo: do ponto onde foi feito o nó até o centro de massa do objeto pendurado.

Afaste o objeto cerca de 5 cm da posição de equilíbrio e meça o tempo que o pêndulo gasta para completar 25 oscilações. Anote esse valor e divida por 25 para encontrar o tempo de uma oscilação, ou seja, o período **T** do pêndulo.

(O resultado experimental para 25 oscilações deve ser, aproximadamente, 50 s, pois o período de um pêndulo de 1 m de comprimento é cerca de 2 s. Valores muito discrepantes devem ser descartados, e a medida deve ser refeita.)

Usando os valores medidos para **L** e **T**, é possível determinar o valor da aceleração da gravidade, através da relação:

$$T = 2\pi\sqrt{\frac{L}{g}}$$

Compare o valor medido com o valor tabelado de $g = 9,8$ m/s^2. Para esse tipo de experimento, espera-se uma precisão da ordem de 10% a 15%.

Observação: Se tentarmos medir diretamente o tempo de apenas uma oscilação, verificaremos que o erro experimental é muito grande. Isso ocorre porque o tempo de uma oscilação é muito pequeno, e sua medida pode ser alterada por diversos fatores, entre eles a marcação da posição do pêndulo e o tempo de reação da pessoa que efetua a medida (que é cerca de 0,20 s, ou seja, 10% do tempo a ser medido). Usando um número maior de oscilações para calcular o período, o erro cometido na medida é menor, pois fica dividido pelo número de oscilações.

Imponderabilidade

A sensação de peso, ou peso aparente, provém da reação do solo à força de atração da Terra; se essa reação é eliminada, por exemplo, durante uma queda livre, temos a sensação de "imponderabilidade", que é a ausência de peso.

A mesma sensação de imponderabilidade ocorre num ônibus espacial em órbita. Para esse caso, observamos na tabela IV-2 que a aceleração da gravidade não é nula, embora se diga que os passageiros do ônibus não têm peso. Na verdade, a força gravitacional da Terra sobre o astronauta faz com que ele se desloque em órbita em torno da Terra, assim como o ônibus espacial e todos os objetos nele contidos. Como o piso da nave está se deslocando da mesma forma que o astronauta, este não pressiona o piso, e, portanto, não existe uma reação do piso sobre ele. O astronauta tem a mesma sensação que teria se não existisse força gravitacional atuando sobre ele.

A imponderabilidade provoca mudanças no corpo dos astronautas. Por exemplo, nosso coração está acostumado a bombear sangue para a cabeça, vencendo a gravidade. Se ela não atua, o fluxo sanguíneo será mais intenso para a cabeça e membros superiores, podendo provocar dores de cabeça e sinusites. Fotos de astronautas no espaço mostram sempre rostos inchados.

Outro efeito interessante ocorre sobre a coluna vertebral: as vértebras são separadas por tecido esponjoso, que se comprime e protege o tecido ósseo, na presença da gravidade. No espaço, os separadores se descomprimem, e o astronauta pode "crescer" dois a três centímetros durante a viagem. Ao retornar à Terra, no entanto, o efeito desaparece e ele volta à sua altura anterior.

Ocorrem também situações inusitadas: na ausência de uma força que mantenha duas superfícies em contato, o atrito entre elas é minimizado, e as leis de Newton ficam evidenciadas. Qualquer objeto se moverá indefinidamente ao menor toque, até esbarrar na parede da nave ou no corpo do astronauta; ao abrir uma gaveta, o astronauta deve se fixar à nave, ou correrá o risco de ir de encontro à gaveta, que não se abrirá!

Gravitação segundo Newton e segundo Einstein

A teoria da gravitação proposta por Newton permite estudar o movimento dos objetos sujeitos à atração gravitacional de outros corpos. Hoje, é possível enviar ao espaço satélites artificiais e foguetes, cujas trajetórias serão perfeitamente calculadas usando-se a teoria de Newton. Segundo essa teoria, as forças gravitacionais surgem de uma interação à distância entre os objetos. Podemos descrever a interação dizendo que cada objeto cria um campo gravitacional à sua volta e que a força surge da ação desse campo sobre os objetos ali situados.

Em 1916, o físico alemão Albert Einstein propôs uma forma diferente de se analisar os efeitos da gravitação. De acordo com a sua teoria, a matéria não pode ser considerada de forma separada do espaço que a circunda: a matéria deforma a geometria do espaço à sua volta. As ideias de Einstein sobre gravitação podem ser resumidas em dois novos conceitos: o Princípio da Equivalência e a Teoria da Relatividade Geral.

Princípio da Equivalência

Usando a teoria de Newton, podemos definir dois conceitos de massa diferentes: **massa inercial** e **massa gravitacional**.

A massa inercial de um objeto é a propriedade que dita a sua resposta a uma força aplicada sobre ele, fazendo o objeto se mover com uma dada aceleração. Já a massa gravitacional está associada à resposta do objeto à atração gravitacional exercida por outro objeto.

Nos cursos básicos de Física, usamos os dois conceitos como se fossem iguais. Em muitas situações, as massas inercial e gravitacional de um objeto são chamadas pelo mesmo símbolo **m** e se cancelam em diversos cálculos. Isso é feito, por exemplo, ao se escrever a 2ª. Lei de Newton para o cálculo do período de um pêndulo simples:

$$ma = F \Rightarrow ma = mg (\text{sen}\theta)$$

No lado esquerdo da equação, **m** é a massa inercial, que influencia na aceleração do pêndulo. No lado direito, **m** é a massa gravitacional, ligada à força com que o pêndulo é atraído pela Terra. São, portanto, duas grandezas conceitualmente diferentes, mas que, durante os cálculos, são tratadas como se fossem a mesma. Experimentos sofisticados indicam que essas duas grandezas são iguais dentro de uma grande precisão. Einstein mostrou que elas são realmente equivalentes.

Para entender as ideias de Einstein, imaginemos uma pessoa que realiza alguns experimentos em um local fechado, como na Figura IV-5. Na situação (A), ela está localizada no campo gravitacional da Terra. Portanto, um objeto solto de certa altura cairá com aceleração igual à aceleração da gravidade **g**. Na situação (B), a pessoa se encontra dentro de um foguete espacial, que se desloca no espaço, longe de qualquer corpo de grande massa, portanto, num local onde o campo gravitacional é praticamente nulo. Se esse foguete se desloca para cima com aceleração **g**, qualquer objeto solto pela pessoa parecerá acelerado para o lado oposto ao do movimento, com aceleração igual a **g**. Sem informação sobre o mundo exterior, a pessoa é incapaz de dizer se está situada num local onde existe um campo gravitacional que faz cair os objetos, ou se está dentro de um sistema móvel, que se desloca com aceleração **g**. Portanto, pode-se dizer que a resposta de um objeto a uma força (aceleração) é equivalente à sua resposta a um campo gravitacional, ou seja, os conceitos de massa inercial e massa gravitacional são equivalentes.

Figura IV-5: Uma pessoa realiza experimentos em um local fechado.

Analisemos agora o comportamento de um raio de luz: como ele não possui massa, não sofre o efeito de um campo gravitacional. No entanto, se um feixe de luz atravessa um sistema acelerado, um observador nesse sistema poderá verificar que o raio de luz não se desloca em linha reta, mas descreve uma curva (do ponto de vista de um observador fora do sistema de referência acelerado, a luz descreve uma linha reta enquanto o sistema se desloca com aceleração). Considerando-se a equivalência entre sistema acelerado e gravitação, chega-se à conclusão estranha de que a luz pode ser afetada por um campo gravitacional. Em sua teoria da Relatividade Geral, Einstein encontrou uma forma elegante de explicar esse fato.

Teoria Geral da Relatividade

Na teoria da Relatividade Geral, Einstein propõe que a matéria deforma o espaço* à sua volta, e os outros objetos se movem nesse espaço deformado. A Figura IV-6 ilustra essa proposição: em (A), temos o espaço vazio: nesse caso, não há deformação do espaço, e um objeto que se move em linha reta seguirá a trajetória pontilhada, mostrada no desenho. Se existe um corpo de massa **m** nessa região do espaço, como mostrado em (B), o espaço sofrerá uma deformação em torno do objeto, e a trajetória "reta" deve ser redefinida, conforme a linha pontilhada da figura. Os raios de luz, embora não tenham massa, também seguirão "retas deformadas" nas proximidades de objetos massivos.

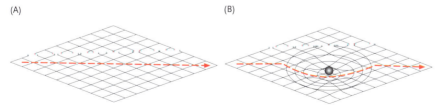

Figura IV-6: Segundo a teoria de Einstein, a matéria deforma o espaço à sua volta.

---

* Rigorosamente, a matéria deforma o espaço-tempo, que é uma entidade geométrica descrita por três coordenadas espaciais e uma coordenada temporal.

Verificações da teoria de Einstein

Após a proposta da Teoria Geral da Gravitação, foram feitos alguns experimentos e medidas que comprovaram a sua validade. Por exemplo, desde 1859 foram detectadas algumas variações na órbita de Mercúrio que não podiam ser explicadas usando-se a teoria de Newton. Levando-se em conta a deformação do espaço na região da órbita desse planeta, devido à presença da grande massa do Sol, foi possível calcular com precisão essas variações e compará-las com êxito aos dados observados. A mesma variação não foi detectada na órbita dos outros planetas, pois, estando Mercúrio mais próximo do Sol, a região do espaço em que esse planeta se encontra é mais afetada pela presença do campo gravitacional do Sol que as órbitas dos outros planetas.

Durante o eclipse Solar de 1919, foi feita uma tentativa de comprovação da teoria de Einstein, observando-se uma estrela que, vista da Terra, estaria localizada atrás do Sol. Devido à deformação do espaço pela massa do Sol, a trajetória da luz dessa estrela se desviaria, e ela poderia ser observada da Terra. Na ocasião desse eclipse, foram organizadas expedições científicas em Sobral (interior do Estado do Ceará) e na ilha de Príncipe (costa da África), locais onde se poderia observar o eclipse total do Sol. As medidas astronômicas que confirmariam a hipótese da deformação do espaço, na ocasião, levaram a resultados com apenas 30% de precisão; porém, foram divulgadas pela imprensa como prova cabal da teoria de Einstein. A partir do surgimento dos radiotelescópios nos anos 1960, foi possível fazer observações do deslocamento de ondas de rádio emitidas por corpos celestes distantes, devido ao campo gravitacional do Sol. Em 1995, observações com radiotelescópios confirmaram a teoria da Relatividade Geral com 0,04% de precisão.

A lei da gravitação de Newton perde seu valor?

É importante observar que, para campos gravitacionais fracos, a teoria gravitacional de Einstein se reduz à de Newton, na qual se considera o espaço como inalterável. As duas teorias só apresentam diferenças em campos gravitacionais muito fortes como, por exemplo, nas vizinhanças do Sol.

CAPÍTULO V
GEOMAGNETISMO

O campo magnético da Terra

Os gregos já conheciam as propriedades de materiais magnéticos, denominados ímãs permanentes. Esses são materiais que contêm a magnetita (Fe_3O_4), mineral proveniente da região de Magnesia, e que eram capazes de atrair objetos que continham ferro. Conta a lenda que a magnetita foi descoberta pelo pastor Magnes. Os pregos dos seus sapatos e a ponta do seu cajado foram atraídos por uma rocha enquanto pastoreava seu rebanho.

Uma das primeiras aplicações dos ímãs foi a bússola, aparelho usado para orientação. Ela consiste num ímã permanente longo e fino, como uma agulha, suspenso de forma a poder girar livremente em torno do seu centro. A bússola foi inventada pelos chineses, que a usavam para navegação, e já era conhecida na Europa no século XIV. Aliada a outros instrumentos de medida, ela permitiu a realização das grandes navegações pelos portugueses, no século XV.

O polo norte da bússola aponta a direção do Polo Norte da Terra; o polo sul da bússola aponta a direção do Polo Sul da Terra. Conhecendo as características dos ímãs, podemos então considerar que a Terra se comporta como se existisse um ímã permanente em seu interior. O polo sul desse ímã estaria localizado no Polo Norte geográfico da Terra, já que o polo norte da agulha da bússola é atraído para esse ponto. Por convenção, esse ponto é denominado Polo Norte Magnético da Terra. Reciprocamente, o Polo Sul geográfico da Terra, que atrai o polo sul da agulha da bússola, corresponderia ao polo norte desse ímã, e é chamado Polo Sul Magnético da Terra.

A origem do magnetismo terrestre intrigou os cientistas desde o início dos estudos sobre o magnetismo dos materiais. O primeiro modelo propunha a existência de um ímã permanente no núcleo da Terra, constituído principalmente de ferro e níquel. Esse modelo deve ser descartado, já que as temperaturas no interior da Terra são mais altas que o ponto de Curie desses elementos*. A hipótese mais aceita atualmente é que o metal liquefeito é ionizado devido às altas temperaturas (existe uma separação entre cargas positivas e negativas), e seu movimento de rotação provoca correntes que, por sua vez, geram um campo magnético. A essa componente interna somam-se duas componentes do campo magnético devido a causas externas: as correntes elétricas na ionosfera, que é a camada ionizada na alta atmosfera, e a emissão pelo Sol de partículas ionizadas, chamada "vento solar": parte dessas partículas é capturada pelo campo magnético da Terra e o fazem variar.

A Figura V-1 mostra a forma aproximada do campo magnético da Terra. Nessa figura, pode-se notar que a posição dos polos geográficos, definidos pelo eixo de rotação da Terra, difere ligeiramente da posição dos polos magnéticos. A diferença entre a direção do norte geográfico e a do norte magnético é chamada declinação magnética e é medida em graus. Além dessa grandeza, duas outras são usadas para definir o valor do campo magnético da Terra em um ponto na sua superfície:

---

* Ponto de Curie: temperatura acima da qual um material ferromagnético perde sua magnetização. O nome foi dado em homenagem ao físico francês Pierre Curie (1859-1906), que realizou estudos pioneiros sobre o fenômeno do magnetismo. Pierre deixou de lado esses estudos para trabalhar como assistente de sua esposa, a química polonesa Marie Curie (1867-1934) nos estudos sobre radioatividade, que ele considerou serem prioritários.

- a inclinação, que é o ângulo que o vetor campo magnético faz com a horizontal. Como as linhas de campo magnético "mergulham" para dentro da Terra nos polos, a inclinação é bastante elevada a grandes latitudes. Próximo ao Equador, a inclinação é praticamente nula;
- a sua magnitude, que vale aproximadamente 0,6 gauss (60mT) nos polos e 0,3 gauss (30mT) no Equador.

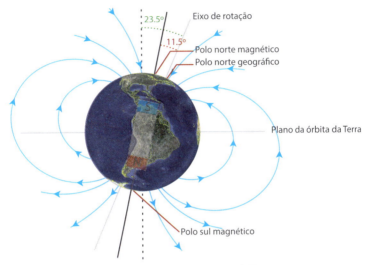

Figura V-1: O campo magnético da Terra.

O campo magnético da Terra sofre pequenas variações com o tempo; essas variações são em geral periódicas, com períodos que variam de um dia a séculos, dependendo da sua origem:
- as correntes elétricas na ionosfera são mais intensas durante o dia devido ao aquecimento e à convecção; o campo da Terra devido a essas correntes será maior durante o dia que à noite (variação diária), e pode ser diferente para cada da época do ano (variação sazonal);
- a atividade do Sol aumenta o vento solar, o que afeta o valor do campo magnético terrestre. Os períodos de grande atividade solar ocorrem a intervalos de 11 anos, quando acontecem as chamadas tempestades magnéticas;
- além disso, as mudanças na corrente interna do Globo Terrestre provocam a variação dita secular, com período extremamente longo.

Atividades:

A1. Você pode construir uma bússola usando um alfinete de costura e um pedaço pequeno de isopor:

a) Esfregue um dos polos de um ímã sobre o alfinete, sempre na mesma direção; o alfinete ficará imantado. Como você pode testar a imantação do alfinete?

b) Coloque o alfinete sobre o pedacinho de isopor e faça o conjunto flutuar em uma vasilha com água. O pedaço de isopor deve ser o menor possível, de forma a fazer o alfinete flutuar, porém sem acrescentar muita massa ao conjunto. O que acontece com o isopor e o alfinete?

A2. a) Com o auxílio de um mapa, ou verificando a posição do Sol, encontre os pontos cardeais (Norte, Sul, Leste e Oeste geográficos): colocando o Leste (direção onde o Sol ou a Lua nascem) à sua direita, ou, reciprocamente, o Oeste (direção onde o Sol ou a Lua se põem) à sua esquerda, o Norte estará à sua frente e o Sul à suas costas.

b) Segure uma bússola e verifique a sua orientação com relação aos pontos cardeais. Você pode usar a bússola construída na A1 ou uma bússola comercial. A agulha da bússola ficará orientada aproximadamente na direção Norte-Sul.

c) Determine então qual é o polo norte da agulha da bússola e qual é o polo sul. O polo norte da bússola é a ponta da agulha que aponta para o Norte geográfico, e o polo sul é a extremidade oposta.

d) Aproxime da sua bússola um ímã desconhecido (não o aproxime demasiado, pois a bússola é um aparelho frágil e muito sensível à aproximação de materiais magnéticos). Observe o que acontece. Inverta a posição do ímã e verifique.

e) Usando seus conhecimentos sobre as propriedades dos ímãs, determine onde estão os polos norte e sul do ímã.

A3. Esta atividade permite observar a declinação do campo magnético terrestre em sua cidade. Antes de iniciar a atividade, certifique-se no site do NOAA (National Oceanic and Atmospheric Administration, órgão do governo dos Estados Unidos) que não está ocorrendo tempestade solar, já que ela pode modificar a direção indicada pela bússola: http://www.swpc.noaa.gov/SWN/index.html (acesso em: ago. 2011)

Material necessário:

- um esquadro de 45°;
- uma caixa de faces perpendiculares à base;
- fita adesiva;
- papel e lápis;
- uma bússola;
- um relógio;
- um local plano e que receba sol entre 11h e 13h (ou entre 12h e 14h, caso esteja em curso o horário de verão).

a) Prenda o esquadro a uma das faces da caixa para que ele fique vertical.

b) Coloque uma folha de papel sobre uma superfície plana e ensolarada, e sobre a folha instale o conjunto caixa-esquadro, de forma que a sombra da ponta do esquadro incida sobre a folha.

c) A intervalos de meia hora, desenhe sobre a folha a posição da sombra da lateral do esquadro. Entre 11h30 e 12h30, as observações devem ser feitas a intervalos menores (10 ou 15 minutos). Caso esteja em curso o horário de verão, as observações deverão ser feitas a intervalos menores entre 12h30 e 13h30.

d) Será possível observar que o tamanho da sombra diminui, sendo o menor possível ao meio-dia, e que, a partir desse horário, ele aumenta novamente. Nas observações feitas, pode ser que o menor tamanho da sombra ocorra em um horário ligeiramente diferente do meio dia no horário oficial (ou 13h, no horário de verão); isso indica que o local está situado a uma longitude diferente daquela onde é determinada a hora oficial. No momento em que a sombra tem seu menor tamanho, a sua direção indica exatamente a direção norte-sul geográfica naquele local. Essa direção está relacionada com a do eixo de rotação do Globo Terrestre (Fig. V-2).

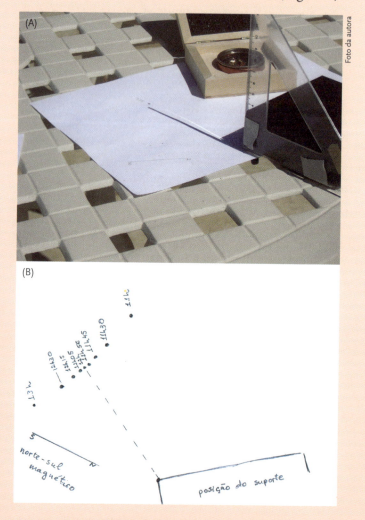

Figura V-2: (A) montagem para a determinação da declinação magnética; (B) anotações obtidas durante a atividade.

e) Usando a bússola, desenhe sobre a folha de papel a direção norte-sul magnética.

f) Compare a direção norte-sul geográfica com a magnética. Você observará que elas não coincidem, fazendo um ângulo que depende da sua localização, e que é denominado declinação magnética. Meça a declinação em sua cidade e compare com valores fornecidos pelo Observatório Nacional em: http://obsn3.on.br/~jlkm/magdec/index.html (acesso em: ago. 2011). Note, no entanto, que a precisão do valor medido dependerá dos cuidados tomados durante as medidas:

- o local deve ser plano e nivelado;
- o esquadro deve estar exatamente na vertical;
- a marca da sombra deve corresponder exatamente à ponta do esquadro;
- a direção indicada pela bússola deve ser copiada cuidadosamente;
- a proximidade de material ferroso pode falsear a leitura da bússola.

Mesmo se tomando todos os cuidados, o erro experimental poderá estar entre 10% e 20%.

A4. Observe a posição da agulha de uma bússola em repouso: quanto mais afastada do Equador for a sua cidade, maior a inclinação da agulha com relação à horizontal (Fig. V-3).

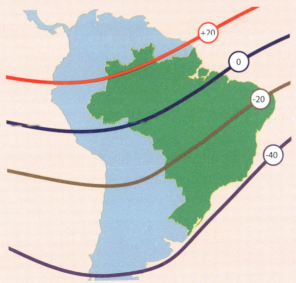

Figura V-3: Valores da inclinação magnética no Brasil: valores positivos indicam inclinação para baixo, e negativos, para cima (fonte: NOAA).

Medida do campo magnético da Terra

Com o objetivo de monitorar o campo magnético da Terra e suas variações, existe uma rede mundial de observatórios magnéticos, operados pelos órgãos específicos de cada país. A Figura V-4 mostra a distribuição desses observatórios no mundo. No Brasil, funcionam os Observatórios Magnéticos de Vassouras (RJ) e Tatuoca (PA), subordinados ao Observatório Nacional.

Figura V-4: Rede mundial de observatórios geomagnéticos.
Fonte: http://www.geomag.bgs.ac.uk/education/earthmag.html (acesso em: set. 2011).

Os locais escolhidos para a instalação dos observatórios geomagnéticos devem ser afastados de linhas de transmissão, estradas de ferro e tráfego rodoviário. As instalações devem ter características especiais:
- não pode haver material magnético nas construções; são usados, por exemplo, pregos de cobre;
- para se evitar vibrações, não pode haver circulação de veículos no entorno, e os equipamentos são montados sobre pilares estáveis;
- como os equipamentos são muito precisos e sensíveis, a variação da temperatura ambiente deve ser menor que 0,5 °C durante todo o ano. Por isso, os edifícios onde são instalados os aparelhos devem ser climatizados e termicamente isolados do exterior, possuindo geralmente paredes duplas;
- durante as observações, o pesquisador não pode ter consigo nenhum material magnético nem emissor de ondas eletromagnéticas (fivelas, relógio, telefone celular).

Além desses observatórios sobre a superfície do globo, existem hoje satélites artificiais que monitoram o campo geomagnético. Devido ao tipo de medida realizada, eles orbitam em baixas altitudes; como eles percorrem uma região da atmosfera bastante densa, a duração de seu movimento orbital é de apenas alguns anos, e eles devem ser constantemente substituídos.

A medida rudimentar do campo magnético da Terra pode ser feita por processos simples, observando a posição da agulha de uma bússola para determinar a declinação e a inclinação, e desviando a sua posição por meio de um campo magnético de valor conhecido, para determinar a sua intensidade.

Nos observatórios geomagnéticos, valores mais precisos dessas grandezas são obtidos usando-se aparelhos sensíveis e sofisticados. A intensidade do campo, por exemplo, pode ser obtida pela observação da frequência de precessão de prótons devida ao campo geomagnético; os ângulos são obtidos por observação de uma bobina de indução que gira em torno de um diâmetro: quando não houver indução, é porque ela está girando com seu eixo de rotação alinhado com o campo geomagnético.

O monitoramento do campo geomagnético encontra diversas aplicações práticas. Sabemos, por exemplo, que a presença de materiais ferromagnéticos ou diamagnéticos no subsolo (jazidas de ferro ou petróleo) pode alterar o valor do campo magnético local. Por essa razão, medidas precisas do campo magnético são usadas em trabalhos de prospecção mineral. Além disso, é importante se conhecer localmente o campo geomagnético quando ele é usado na navegação marítima ou aérea.

O uso de observações do campo magnético para orientação e prospecção pode, porém, ficar prejudicado durante períodos de intensa atividade solar; os usuários dessas informações precisam se inteirar da ocorrência de tempestades magnéticas. Essas podem provocar danos também em linhas de transmissão e a perda de proteção contra radiação vinda do espaço, em voos a grandes altitudes e espaçonaves, além de trazer danos a aeronaves e a satélites artificiais.

Interação de seres vivos com o campo magnético da Terra

Alguns seres vivos parecem usar a direção do campo magnético terrestre para se orientar durante seus deslocamentos. Esse comportamento foi observado em alguns peixes, aves, insetos e bactérias; os mecanismos envolvidos em tal comportamento são alvo de estudo da Biofísica, que propõe algumas hipóteses, descritas a seguir.

Algumas bactérias encontradas em rios e lagos possuem em sua estrutura cadeias de nanocristais de material ferromagnético; a interação entre esses cristais e o campo da Terra provoca um torque que gira o microorganismo, alinhando-o com as linhas de campo. A inclinação das linhas de campo permite que esses organismos, ao se movimentarem paralela ou antiparalelamente às linhas, dirijam-se para o fundo dos lagos, onde há mais abundância de nutrientes (Fig. V-5). O comportamento de bactérias sensíveis ao campo magnético é denominado magnetotaxia.

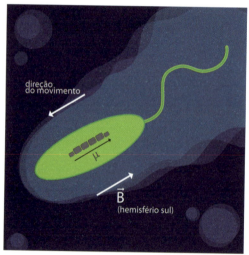

Figura V-5: Exemplo de magnetotaxia: no Hemisfério Sul, o campo magnético da Terra tem uma componente para cima; devido à orientação de cristais magnéticos em seu interior, as bactérias magnéticas se movimentam para o fundo dos lagos.

Em seres com sistema nervoso, o mecanismo de orientação magnética é mais complexo. O campo geomagnético e/ou sua variação é detectado, transduzido e transferido ao cérebro do animal. Este mecanismo complexo é denominado magnetorrecepção. Atualmente existem três modelos para esse mecanismo: a hipótese ferromagnética, a de par de radicais dependente de luz e a de indução magnética.

A hipótese ferromagnética é baseada na existência de partículas magnéticas como sensores. Nanocristais ferro ou ferrimagnéticos foram localizados no corpo de insetos sociais (abelhas, formigas, cupins) ou na cabeça de aves e peixes. Um estudo detalhado foi feito com pombos-correio, em cujo bico foram encontradas nanopartículas magnéticas. Foi proposto que o alinhamento dos cristais ao longo do campo pode provocar deformações em membranas que iniciam o processo de magnetorrecepção.

Para alguns outros pássaros migratórios, formulou-se a hipótese de que proteínas sensíveis à luz podem ser ativadas por campos magnéticos fracos, sob luz de baixa intensidade e pequenos comprimentos de onda (azul), característica do pôr do Sol, que é o momento onde se inicia a migração dessas aves. Durante o dia, sob luz forte de comprimentos de onda mais vermelhos, as proteínas são desativadas, e as aves se desorientam. O estudo experimental dessa hipótese é difícil e ela ainda não é considerada como comprovada.

A magnetorrecepção foi também observada em tubarões e arraias, para os quais a interação com o campo se dá por indução: esses peixes possuem sob a pele longos canais finos e condutivos, que terminam em células sensíveis a diferenças de potencial; ao se movimentar nos oceanos, o fluxo de campo magnético induz uma diferença de potencial entre as extremidades dos canais, que é traduzida pelas células sensíveis em informação sobre a orientação desses peixes.

Existem algumas evidências científicas da sensibilidade dos seres humanos a campos magnéticos. No entanto, o tema é controverso, já que algumas experiências não foram reproduzidas. O uso de pulseiras, travesseiros e colchões que contenham material magnético, e que é apontado por seus fabricantes como terapia para diversos males, não tem ainda nenhuma comprovação científica que possa justificá-lo.

Paleomagnetismo

A crosta terrestre é formada de placas de material sólido, que flutuam sobre o interior líquido do nosso planeta (magma). O movimento dessas placas provoca abalos sísmicos e fenômenos geológicos como vulcões, cadeias de montanhas etc. No fundo dos oceanos existem falhas geológicas, na região onde duas placas se encontram. Por essas falhas há emergência de material magmático, composto principalmente de níquel e ferro, e que se resfria e solidifica. Tratando-se de material ferromagnético, durante o resfriamento ele se orienta de acordo com o campo magnético da Terra.

Assim, material coletado no fundo dos oceanos permite o estudo da orientação do campo magnético terrestre na época em que houve a emergência e o resfriamento desse material. Esse é o assunto do paleomagnetismo (magnetismo de épocas passadas). A falha oceânica mais notável e, por essa razão, mais estudada, é a Falha do Atlântico Médio, que aparece no meio do Oceano Atlântico e atravessa o fundo do oceano de norte a sul do planeta.

Verifica-se que a orientação do material que emerge dessa falha não é sempre a mesma: há uma inversão nessa orientação, indicando que o campo magnético da Terra mudou de sentido em certas ocasiões. As mudanças ocorreram após períodos de duração entre 10^5 e 10^6 anos; entre esses períodos, durante intervalos de cerca de 10^3 anos, o campo magnético terrestre parece ser nulo ou muito pequeno.

Não há ainda uma explicação segura para esse fenômeno de inversão: tudo leva a crer que o "eletroímã" existente no interior da Terra se "desliga" durante certo tempo, reiniciando seu "funcionamento" na direção inversa. Durante os períodos em que o campo magnético é nulo ou muito pequeno, a superfície da Terra fica desprotegida contra o bombardeio de partículas ionizadas, vindas principalmente do Sol, que são desviadas pelo campo magnético e penetram na atmosfera terrestre pelos polos. Parece que esses períodos de inversão do campo estão relacionados com as épocas em que houve a extinção de alguns seres vivos.

Auroras polares

Figura V-6: Aurora boreal.

O magnetismo terrestre provoca o belo efeito mostrado na Figura V-6. Geralmente, ele é visto nas vizinhanças dos Polos Norte e Sul da Terra: o céu se tinge de cores brilhantes que formam uma "cortina"; o fenômeno é chamado aurora boreal quando ocorre no Hemisfério Norte, e austral, no Hemisfério Sul.

Essa cortina de cores acontece quando o "vento solar" (partículas ionizadas emitidas pelo Sol) se choca contra os gases da alta atmosfera: o gás ionizado se move em espiral ao longo das linhas de campo magnético da Terra, ionizando outras moléculas que, ao serem novamente neutralizadas, emitem radiação nas frequências da luz visível.

A cor verde presente na aurora é atribuída à emissão das moléculas de oxigênio rarefeito da alta atmosfera, em alturas de cerca de 100 quilômetros; o vermelho se deve à emissão do oxigênio situado em camadas ainda mais altas da atmosfera, a cerca de 300 quilômetros de altura. As cores azul e vermelho-arroxeado são emitidas por nitrogênio, nas camadas da atmosfera abaixo de 100 quilômetros.

As auroras são frequentes em épocas de grande atividade solar, quando mais partículas são emitidas e alcançam a Terra. Elas são mais facilmente visíveis à noite, em regiões próximas aos polos. Quando a atividade solar é muito intensa, as auroras se tornam visíveis em latitudes mais baixas, sendo raríssimas as ocasiões em que elas foram observadas nas regiões tropicais.

Magnetismo de corpos celestes

O campo magnético dos corpos celestes pode ser inferido a partir da polarização da luz que nos chega proveniente desses corpos ou, no caso de planetas, refletida por eles. Assim, sabe-se hoje que algumas estrelas possuem um campo magnético de enorme intensidade em sua superfície, enquanto outras possuem campos de menor intensidade (tabela V-1).

Tabela V-1: Intensidade do campo magnético em corpos celestes

CORPO CELESTE	B (T)
MAGNETARES	10^{11}
PULSARES	10^{8}
ESTRELAS DE NEUTRONS	10^{5}
ANÃS BRANCAS	10^{6}
ESTRELAS DO TIPO DO SOL	10^{-3}
JÚPITER	4.10^{-4}
TERRA	5.10^{-5}
MARTE, VÊNUS, PLUTÃO	muito pequena ou nula

O campo magnético dos corpos celestes é atribuído ao movimento de carga em seu interior: as altas temperaturas de seus núcleos ionizam o material (os átomos se separam em íons com cargas positivas e elétrons livres). A diferença de massa entre os íons positivos e negativos faz com que, durante a rotação dos corpos celestes, haja uma corrente elétrica circulando no interior dos astros, gerando o aparecimento de um campo magnético. A intensidade desse campo é proporcional à corrente. Assim, estrelas mais densas (maior número de cargas livres num menor espaço) ou com maior velocidade de rotação (maior velocidade no deslocamento das cargas) terão maior intensidade de campo magnético.

Para os planetas, pode-se observar a mesma tendência: os planetas que não apresentam campo magnético têm seu interior sólido (Plutão, Marte) ou velocidade de rotação muito baixa (Vênus).

REFERÊNCIAS

CHERMAN, A; Mendonça, B. R. *Por que as coisas caem?* Rio de Janeiro: Jorge Zahar Ed., 2009

EBBING, D. D. *Química geral*. 5. ed. Rio de Janeiro: LTC, 1998.

HALLIDAY, D; RESNICK, R.; KRANE, K. S. *Física*. 4. ed. Rio de Janeiro: LTC, 1996.

HEWITT, Paul G. *Física conceitual*. 11. ed. Porto Alegre: Bookman, 2011.

KIOUS, W. J.; TILLING, R. I. *This Dynamic Earth*. USGS Ed, 1996. Disponível em: <http://pubs.usgs.gov/gip/dynamic/dynamic.pdf> Acesso em: out. 2011.

VERNE, J. *Viagem ao centro da Terra*. 7. reimp. São Paulo: Martin Claret, 2011.

JOHNSEN, S; LOHMANN, K. J. Magnetoreception in Animals. *Physics Today*, march 2008, p. 29-35.

<http://science.nasa.gov/>. Acesso em: out. 2011.

<http://www.cprm.gov.br>. Canal Escola. Acesso em: out. 2011.

<http://www.world-nuclear.org/info/Inf78.html>. Acesso em: out. 2011.

<http://www.webexhibits.org/pigments/>. Acesso em: out.2011.

<http://www.packagingtoday.com/intronaturalpolymers.htm>. Acesso em: out. 2011.

<http://www.fisica.ufmg.br/~dsoares/g/g.htm>. Acesso em: out. 2011.

<http://www.geomag.bgs.ac.uk/education/earthmag.html>. Acesso em: out. 2011.

<http://www.swpc.noaa.gov/SWN/index.html>. Acesso em: out. 2011.

<http://www.exploratorium.edu/>. Acesso em: out. 2011.

Este livro foi composto com tipografia Minion Pro e impresso
em papel Offset 90 g na gráfica Rede.